土壤健康
与土地综合利用研究
——以环渤海地区为例

李 静 著

中国农业科学技术出版社

图书在版编目(CIP)数据

土壤健康与土地综合利用研究——以环渤海地区为例／李静著. --北京：中国农业科学技术出版社，2023.7
　ISBN 978-7-5116-6363-4

　Ⅰ.①土… Ⅱ.①李… Ⅲ.①渤海湾-持久性-有机污染物-污染土壤-影响-健康-研究 Ⅳ.①X503.1

中国国家版本馆 CIP 数据核字(2023)第 131430 号

责任编辑　崔改泵
责任校对　李向荣
责任印制　姜义伟　王思文

出 版 者	中国农业科学技术出版社
	北京市中关村南大街 12 号　邮编：100081
电　　话	(010) 82109194 (编辑室)　(010) 82109702 (发行部)
	(010) 82109709 (读者服务部)
网　　址	https://castp.caas.cn
经 销 者	各地新华书店
印 刷 者	北京建宏印刷有限公司
开　　本	170 mm×240 mm　1/16
印　　张	12.5
字　　数	210 千字
版　　次	2023 年 7 月第 1 版　2023 年 7 月第 1 次印刷
定　　价	80.00 元

◁▶◀▷ 版权所有·翻印必究 ◁▶◀▷

摘 要

本书在分析、比较国内外已有各种健康风险评价模型的基础上，运用筛选出的模型对环渤海地区（环渤海北部地区、天津滨海新区以及北京和河北官厅水库区域）进行土壤POPs健康风险评价。以天津滨海新区和官厅水库区域分别作为典型工业区和非工业区的代表性区域，借助健康风险评价模型和GIS平台，探讨工业区和非工业区POPs暴露的健康风险和空间分异特征；分析区域功能定位、经济发展阶段、产业结构和历史残留等因素对POPs健康风险的影响；并采用优化后的数学方法（非负约束因子分析）确定其主要风险因子。依据区域内土壤中POPs健康风险的空间分布状况，采用问卷调查和访谈等社会调研方法，在滨海新区选取23个点位发放统一设计的"滨海新区环境健康调查问卷"742份，运用二元多变量逻辑斯蒂回归分析法探讨滨海新区周边污染源、土壤中污染物浓度及饮食等因素对居民健康的影响度。基于环渤海地区健康风险特征和可借鉴的国际经验，提出了针对环渤海地区不同功能区污染场地风险管理模式，旨在为区域健康风险管理提供定量依据和数据支持，对完善我国POPs环境管理对策具有重要的理论意义和参考价值。

主要研究结论如下：

（1）综合污染物筛选指标体系的打分结果和专家意见后，确定USEPA优控的16种PAHs、DDTs（包括p,p'-DDT；p,p'-DDE；p,p'-DDD；o,p'-DDT）和HCHs（α-HCH、β-HCH、γ-HCH和δ-HCH）为环渤海地区代表性的POPs污染物。从全国范围看，天津滨海新区PAHs污染程度属于中等偏上，官厅水库和环渤海北部地区PAHs残留属于中低水平，但部分高值区需引起关注；滨海新区内DDTs和HCHs的浓度均高于中国大部分区域。

(2) 根据模型比较和适用性评价结果,选取 CLEA 模型进行区域内健康风险评价。在大量场地调查和实际监测的基础上,查阅国内外相关的数据手册、文献,每个参数尽可能多地搜集数据并选取代表性的数据,以便尽可能真实反映研究区域的实际状况,对模型参数进行修正。通过灵敏度分析得到敏感参数,较敏感的参数需要更为准确的数值,以获取通用场地的土壤指导值。

(3) 环渤海北部地区土壤中 POPs 健康风险评价结果表明,经口摄入是该区域敏感受体的主要暴露途径;污染物中,Nap 的总暴露量最大,α-HCH 的暴露量最小,最大暴露量与最小暴露量之间相差 3 个数量级。环渤海北部地区表层土壤中 POPs 暴露的致癌风险范围为 $1.14\times10^{-6}\sim1.86\times10^{-5}$。不同区域按照居民的致癌健康风险从高到低排序为葫芦岛>丹东>大连>盘锦>锦州>秦皇岛>营口>唐山。

(4) 天津滨海新区居民的健康风险显著高于官厅水库居民,其风险均值分别为 2.05×10^{-5} 和 7.82×10^{-6}。居民健康风险空间格局受点源影响显著——大沽工业区和汉沽工业区,官厅水库地区怀来县城附近的工业点源 PAHs 的排放已引起潜在的健康风险。非负约束因子分析结果表明,滨海新区 PAHs 的主要来源为焦炭燃烧、燃煤和交通综合,贡献率分别为 64.6%、32.1% 和 3.3%;官厅水库地区 PAHs 的主要来源为交通综合和燃煤,贡献率分别为 60.8% 和 30.2%。

(5) 区域内居民健康受土壤中 POPs 浓度影响小;化工区居民所患目标疾病和前期症状的发病率一般都高于非化工区居民;居住地附近的现有污染源与曾有污染源(5 年前)相比有增加趋势,部分污染源与目标疾病和常见疾病呈显著正相关,但相关系数不高(<0.3),这与多种污染源的共同存在、综合作用有关;各饮食途径对居民暴露 POPs 潜在致癌风险的贡献率表现为:鱼类>蔬菜>肉类>谷类>蛋>油脂类、奶类>水果>饮用水,前三个饮食途径累积风险贡献率为 82.5%。

(6) 在综合分析国内现有 POPs 风险管理相关的环境政策法规框架、实施情况及存在问题的基础上,借鉴发达国家污染场地风险管理的经验,结合本研究关于工业区与非工业区 POPs 的风险特征、污染来源和环境影响的研究结果，探讨了在中国现存条件下不同功能区及不同类型污染土壤POPs管理的具体措施和策略，并从长效机制层面提出了环渤海地区POPs控制的举措与建议。

关键词：持久性有机污染物，健康风险，工业区，影响因素，风险管理

目 录

1 绪论……………………………………………………………………1
  1.1 国内外POPs健康风险评价评述………………………………3
    1.1.1 健康风险评价的发展历程………………………………3
    1.1.2 健康风险评价的步骤……………………………………6
    1.1.3 国内外POPs健康风险评价的研究现状………………9
  1.2 健康风险评价模型的应用……………………………………13
  1.3 区域POPs健康风险研究中存在的问题……………………20
  1.4 本章小结………………………………………………………22
2 研究内容与研究方法………………………………………………23
  2.1 研究目的和拟解决的主要问题………………………………25
    2.1.1 研究目的及意义…………………………………………25
    2.1.2 研究内容和技术路线……………………………………25
    2.1.3 目标污染物筛选及简介…………………………………28
  2.2 研究区域概述…………………………………………………33
    2.2.1 环渤海北部地区…………………………………………33
    2.2.2 天津滨海新区……………………………………………35
    2.2.3 官厅水库地区……………………………………………36
  2.3 研究方法………………………………………………………37
    2.3.1 样品采集与分析…………………………………………37
    2.3.2 问卷调查…………………………………………………45
    2.3.3 非负约束因子分析（FA-NNC）………………………49
3 环渤海地区土壤中POPs残留分析………………………………53
  3.1 环渤海地区土壤中POPs残留水平…………………………56
    3.1.1 环渤海北部地区…………………………………………56

3.1.2　天津滨海新区…………………………………………58
　　3.1.3　官厅水库地区…………………………………………59
　3.2　环渤海地区土壤POPs相对污染……………………………60
　　3.2.1　中国土壤POPs残留水平………………………………60
　　3.2.2　环渤海地区土壤中POPs残留与国内其他
　　　　　 区域的比较…………………………………………61
　3.3　环渤海地区POPs污染的环境风险…………………………62
　　3.3.1　模糊评价因子的隶属度函数及评价运算……………62
　　3.3.2　环渤海地区POPs复合土壤质量评价…………………65
　3.4　小结………………………………………………………67

4　环渤海北部地区典型POPs健康风险评价……………………68
　4.1　健康风险评价模型的选择……………………………………71
　4.2　CLEA模型的指标甄选及数据获取…………………………72
　　4.2.1　概念模型………………………………………………72
　　4.2.2　暴露量计算……………………………………………74
　　4.2.3　参数体系及数据获取…………………………………78
　　4.2.4　通用场地SGVs…………………………………………80
　　4.2.5　不确定性分析…………………………………………88
　4.3　环渤海北部地区典型POPs的暴露特征……………………90
　4.4　环渤海北部地区典型POPs的健康风险表征………………94
　4.5　小结………………………………………………………99

5　工业区与非工业区健康风险及空间分布格局………………101
　5.1　居民健康风险表征…………………………………………103
　　5.1.1　居民日均暴露量评价…………………………………103
　　5.1.2　居民健康风险差异……………………………………107
　　5.1.3　污染物的风险贡献度…………………………………110
　5.2　居民和工人的健康风险分析………………………………111
　5.3　健康风险空间分布格局……………………………………115
　5.4　主要风险源识别……………………………………………119
　　5.4.1　DDTs和HCHs的主要风险源…………………………119
　　5.4.2　PAHs风险源辨识………………………………………120

5.5 小结 ·· 123

6 区域 POPs 污染与健康效应关联性分析 ·· 125
  6.1 基本资料的提取 ·· 127
    6.1.1 人口统计学信息 ·· 127
    6.1.2 污染源存在状况 ·· 128
    6.1.3 饮食结构统计 ·· 128
    6.1.4 居民发病率统计 ·· 130
  6.2 土壤中 POPs 残留水平的影响 ·· 131
    6.2.1 土壤 POPs 浓度与居民健康关联性分析 ·································· 131
    6.2.2 化工区与非化工区居民健康差异性分析 ································· 132
  6.3 周边污染源的影响 ·· 134
  6.4 饮食暴露的影响 ·· 137
  6.5 小结 ·· 139

7 环渤海地区 POPs 健康风险管理模式 ·· 141
  7.1 环渤海地区土壤 POPs 健康风险特征 ·· 144
  7.2 现有 POPs 健康风险管理体系及存在的问题 ···································· 145
  7.3 可借鉴的国际 POPs 健康风险管理经验 ·· 147
  7.4 环渤海地区 POPs 健康风险管理模式 ·· 150
    7.4.1 风险管理流程详图 ·· 150
    7.4.2 解决关键问题的设想：共同责任、资金来源 ······························ 153
  7.5 小结 ·· 155

8 结论 ·· 157
  8.1 主要研究结论 ·· 159
    8.1.1 环渤海区域土壤中典型 POPs 及污染问题 ································ 159
    8.1.2 健康风险评价模型的筛选及通用场地 SGVs 的获取 ······················· 159
    8.1.3 环渤海北部地区健康风险表征 ·· 160
    8.1.4 典型工业区和水源地保护区健康风险表征及空间
         分布格局 ·· 160
    8.1.5 周边污染源、土壤残留及饮食摄入等 POPs 潜在
         健康风险影响因素分析 ·· 161
    8.1.6 针对不同功能区健康风险管理模式 ······································ 161

8.2 主要创新点 …………………………………………………… 161
附　录 ………………………………………………………………… 163
　附录一　环境健康公众调查问卷 ………………………………… 165
　附录二　非负约束斜交旋转 Matlab 实现过程 ………………… 169
参考文献 ……………………………………………………………… 171

绪 论

1.1 国内外 POPs 健康风险评价评述

持久性有机污染物（Persistent Organic Pollutants，POPs）由于它的高毒性、生物蓄积性、半挥发性和持久性，已经成为当今一个新的全球性环境问题。环境风险评价与风险管理作为目前国际上污染场地环境管理的重要内容之一，一直是近年来的研究热点。由于残留污染物或污染土壤构成了对周围环境及人体健康危害的风险，为保障人类生命安全和维护正常的生产建设活动，防止环境污染事故发生，对污染土壤进行健康风险评价已变得越来越重要和紧迫，国内外学者对污染土壤/场地的评价、治理及相关的管理对策也越来越关注。

1.1.1 健康风险评价的发展历程

健康风险评价（Health risk assessment，HRA）是一门新的跨学科的方法学，它是以风险度作为评价指标，把环境污染与人体健康联系起来，定量描述污染物对人体产生健康危害的风险的一种新的评价方法，是20世纪80年代以后兴起的狭义环境风险评价的重点。其目的在于估计特定环境条件下的化学因子或物理因子对人体造成损害的可能性及其程度的大小。

有害废物风险评价的历史可以追溯到20世纪30年代（图1-1），开始出现以毒理学为基础的风险评价，即健康风险评价的初级形式，以定性研究为主（胡二邦，2000）。例如，关于致癌物的假定只能定性说明暴露于致癌物会造成一定的健康风险。20世纪50年代健康危害评定的安全系数法被首次提出，用动物试验估计人体对污染物质的可接受摄入量（ACGIH，1997）。直到20世纪60年代，毒理学家才开发了一些定量的方法进行低浓度暴露条件下的健康风险评价（NRC，1994）。

20世纪70年代初，为了研究污染物以及一些化学品对人类和生态系统的不利影响，产生了危害评价，致癌物危害越来越引起公众重视。其中1976年美国国家环保局（USEPA）首先公布了可疑致癌物的风险评价准则，提出了有毒化学品的致癌风险评价方法（IPCS，1978，1983；USNRC，1975），其后，它被引申、补充并逐渐程序化，这个方法为很多环境立法机构所接受，同时也引起了学术界更广泛深入的研究和讨论，使风险评价的方法日渐普遍和成熟。但由于没有规范化程序，不同研究室常采用不同的评价方法。

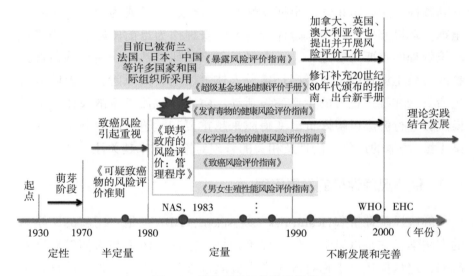

图1-1 健康风险评价的发展历程

Fig. 1-1 The development of health risk assessment

20世纪80年代以后健康风险评价逐渐兴起，以化学物质危害的评定由定性向定量发展，风险评价研究处于高峰期，法律、风险评价指南和技术细则逐步制定，并对典型污染场地开始了健康风险评价和治理工作（USEPA，1980，1984，1989，1991）。健康风险评价以美国国家科学院和美国环保局的成果最为丰富。美国国家科学院

（NAS）于 1983 年编制了有关风险评价的研究报告"*Risk Assessment in the Federal Government: Managing the Process*"（NRC，1983）。这份报告描述了风险评估的基本原理、基本架构、完整的方法及其操作的基本步骤，以及风险评估领域常用术语的基本定义，使得接触环境污染物对人体健康的风险评估科学化。这份报告中确定的基本步骤和基本术语现已被广泛采用和接受，被认为是人体健康风险评估的里程碑。在此基础上，美国环保局对致畸物、生殖毒物、混合化学物质等有毒物质的风险评价相继问世（田裘学，1997）。目前，风险评价方法已被法国、荷兰、日本、中国等许多国家和一些国际组织如经济发展与合作组织（OECD）、欧洲经济共同体（EEC）等所采用（IPCS，1999）。由于健康风险评价是从癌风险评价开始的，因而癌风险评价是研究最多、程序相对成熟的风险评价方法。此外，致诱变性、生殖毒性、发育毒性、神经毒性等风险评价程序也相继建立。随后，美国国家环保局根据红皮书制定并颁布了一系列技术性文件、准则和指南，包括 1986 年发布的《致癌风险评价指南》《致畸风险评价指南》《化学混合物的健康风险评价指南》《发育毒物的健康风险评价指南》《暴露风险评价指南》和《超级基金场地健康评价手册》，1988 年颁布的《内吸毒物的健康评价指南》《男女生殖性能风险评价指南》等（田裘学，1997）。

20 世纪 90 年代以后，风险评价处于不断发展和完善阶段。1991 年，我国卫生部和农业部联合发布《农药安全性毒理学评价程序》，进一步完善和丰富了农药安全性评价的内容。1992 年的联合国"环境与发展"大会要求加强对化学品安全的评估。1996 年，欧盟 16 国完成了污染场地风险评价协商指南（Fergnson，1999）。加拿大、澳大利亚和芬兰等国均采用美国提出的风险评价标准（CCME，2001；NEPC，1999），同时构建了适合本国实际情况的健康风险评价体系。因此，1999 年 WHO 出版了"接触化学品对人体健康的风险评估方法及原理"的 EHC 专论（IPCS，1999）。这部专论综述了化学品、物理和生物制剂对人体健康和环境的影响，提供了一套详细的风险评估的方法及步骤。为了有效治理污染土地，英国政府于 1992 年开始土地风险管理与修复技术研究工作，并于 2000 年立法要求污染土地再开发利用时，必须进行风险评价，实行污染土地风险管理（Okx，1998）。美国对 80 年代出台的一系列评价技术指南进行了修订和补充，同时又出台了一些新的指南和手册。例如，1992 年版的《暴露评价指南》取代了 1986 年的版本；1998 年新出台了《神经毒物风险评价指南》，同年，在 1992 年生态风险评价框架的基础上，正式出台了《生态风险评价指南》。

其他国家，如加拿大、英国、澳大利亚等国，也在 20 世纪 90 年代中期提出并开展了环境风险评价的研究工作。1994 年，荷兰研究提出了开展污染土壤健康风险评估的技术方法，探讨了人群对土壤污染的暴露途径及模型评估方法，并将该方法用于保护人体健康土壤基准的制定，2008 年，荷兰环境部修订印发了最新的污染土壤风险管理和修复技术文件。2002 年，英国环境署发布了《污染土地暴露评估模型：技术基础和算法》《污染土地管理的模型评估方法》等系列技术文件，初步建立了英国污染土地风险评估的框架体系；2009 年，英国环境署修订后发布了最新的污染土地健康风险评估的技术方法。

1.1.2 健康风险评价的步骤

美国是较早研究并应用环境风险评价的国家，1983 年美国国家科学院首次确立了风险评价的基本概念，并提出了风险评价的四阶段法，这一方法目前已被许多国家所采用，它的基本程序分为：危害鉴定、剂量反应评估、接触评估、风险评定等四个阶段，如图 1-2 所示。下面详细介绍健康风险评价的 4 阶段。

（1）危害性鉴定。该阶段主要是明确污染物可能对健康产生的危害，描述或列出各种毒性作用现象，如神经毒性、发育毒性等。对现存化学物质，主要是评审该化学物质的现有毒理学和流行病学资料，确定其是否对生态环境和人体健康造成损害。对危害未明的新化学物质来说，更需要从头累积较完整和可靠的资料。

（2）剂量—反应评定。剂量—反应评定是对有害因子暴露水平与暴露人群危害关系进行定量估算的过程，是进行风险评定的定量依据。流行病学调查是首选途径，其次是进行与人接近的敏感动物的长期致癌试验。显然直接从流行病学调查中得到的化学物质的剂量—反应关

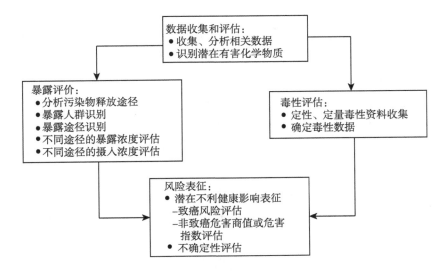

图 1-2　健康风险评价过程示意图

Fig. 1-2　Procedures of health risk assessment

系是最可靠、最有说服力的资料，但在多数情况下，很难得到完整的与之相对应的人群暴露资料，特别是对一些低剂量、长暴露、范围广、接触人群十分复杂的化学物质更是如此，故动物试验就成为剂量—反应关系评定的主要手段，从动物试验得到剂量—反应关系之后，利用一定的模式外推到人群，得出近似的人群剂量—反应关系。

估算模型的建立、选择、使用及对其可信度的分析，是目前风险评价领域面临的重要问题，这一问题的研究和解决会直接推动风险评价的发展。目前在定量癌风险评价中，从动物向人外推时，多采用体重、体表面积或采用安全系数法等毒理学传统的外推模型。从高剂量向低剂量外推时，可选用的模型有 Probit 模型、Logit 模型、Weibull 模型、Ohehlt 模型、Mult-hit 模型、Mulbistage 模型等。这些模型都还不成熟，在进行致癌剂量外推时的适应范围及适应程度还在被比较和研究中。目前多阶段模型（Multistage）在管理部门使用得较多，EPA 在 1986 年的致癌风险评价准则中指出，一般情况下应使用多阶段模型。在定量癌风险评价中剂量反应关系估算的结果一般以一定期间（多用终生）暴露于一定剂量的致癌物相应引起的超额癌发生率或癌死亡率来表示。

（3）接触评定。接触评定是对人群暴露于环境介质中有害因子的强度、频率、时间进行测量、估算或预测的过程，是进行风险评价的定量依据，接触人群的特征鉴定与被评物质在环境介质中浓度与分布的确定是接触评估中相关联而不可分割的两个组成部分。如果直接进行总体测定来评估接触程度，固然最理想，但需要投入大量的人力和物力。这事实上既无必要，也不可能，实际做法是从具有代表性的各种群体中抽样，作有限数量的测定分析，再作数学模式推导，以估测总体人群或不同亚群的接触水平。

人群包括某种职业人群、某地区人群、老幼病弱等特别易感人群等，一般是计算他们终生接触的平均水平。确定人群对某一化学物质的暴露水平，可以通过直接测定进行评定，但多数情况下，是根据污染物的排放量、排放浓度以及污染物的迁移转化规律方面的参数，采用一定的数学模式进行估算。不过在选择模式时，要十分谨慎，如果模式选择不当，可导致结果误差很大。数学模式最好是根据自己所获得的各种参数，用一定的数学方法自行建立，但要求数据必须准确、可靠、具有代表性，并要求数据较为完整。

被评物质在环境介质中的浓度数据一般可通过监测获取。但评价地域广，环境条件较为复杂的情况下，往往是利用污染源及某些监测点的数据，通过内插或外推方法或采用各种迁移、转化、扩散（动态）模型估算出这一区域内的污染物在环境介质中一定期间的平均浓度及一定区域内的浓度空间分布图，来描述环境中污染物的量。在可以选到适宜指标的情况下，往往可以测定人的体液及组织中的化学物质或代谢产物浓度来估算污染物的接触量。没有选到适宜指标时，根据环境介质中污染物的浓度及其空间分布情况，人的活动参数，从空气、水、食品中的摄入参数，生物检测数据等，用适当的模型，可以估算出不同人群、不同时期污染物的总接触量，在致癌风险评价中常用人的终生暴露量。文献上对于环境污染物的评价方法或估价方法，已有广泛的讨论，但没有一种能适用于所有污染物的通用方法，因此必须根据每种化合物的具体情况，逐个加以评价。

（4）风险描述。风险度评定就是利用前面三个阶段所获取的数据，估算不同接触条件下，可能产生的健康危害的强度或某种健康效应的发生概率的过程。风险度评定主要包括两方面的内容，一是对有害因子的风险大小作出定量估算与表达，二是对评定结果的解释与对评价过程的讨论，特别是对前面三个阶段评定中存在的不确定性作出评估，即对风险评价结果本身的风险作出评价。

传统的健康风险评价方法将污染物分为致癌污染物和非致癌污染物分别进行分析（USEPA，1992）。对于非致癌污染物，风险评价关心的是暴露量超过特定危害阈值的程度；而对于致癌污染物的危害，健康风险则用过剩癌症发病率来表征。前者可以计算暴露浓度与特定阈值之比，即风险商，后者则计算污染物的暴露浓度与单位浓度的致癌概率的乘积。

1.1.3 国内外 POPs 健康风险评价的研究现状

在中国，由于大量生产和使用有机氯 POPs 包括滴滴涕（DDT）、六六六以及六氯苯的（Cai et al.，2008；Tao et al.，2006），导致它们在水体、土壤、大气、动植物和人体中普遍存在（An et al.，2005；An et al.，2004；Gong et al.，2004；Li et al.，2008；Wang et al.，2005a）。有很多研究表明，自从中国开始禁止有机氯农药的生产和使用以后，环境介质中的有机氯残留也逐步降低。从几次全国性粮食中有机氯残留量的普查来看，1980 年粮食中有机氯含量超标情况比较严重，而 1988—1989 年稻谷和小麦中 HCH 和 DDT 残留与 20 世纪 80 年代初相比至少降低了一个数量级，1992 年的调查显示，代表中国人群基本膳食的八大类食品六六六检出率为 69%，合格率为 99.44%；DDT 检出率为 42%，合格率为 100%（刘明阳等，2004）。张惠兰等（2001）对辽宁省不同地区 1998—1999 年间的 186 个土样检测表明，土壤中六六六、DDT 农药残留量已明显下降，但仍有残留，其中六六六残留量为 $7\sim25$ μg/kg、DDT 为 $22\sim30$ μg/kg。李兴红等（2006）比较了 1980 年和 2004 年采集的北京市土壤样品，发现 HCHs 残留由 130 μg/kg 降低到 8.6 μg/kg，而 DDTs 残留由 390 μg/kg 降低到 110 μg/kg。

由有机氯 POPs 的工业生产、使用、存储和泄露导致 POPs 污染，由于其污染强度大、风险高以及降解速度慢等原因逐步受到学术界和政府机构的关注。关于工业有机氯污染的空间分布、影响因素、环境风险、降解情况和修复手段等国际上已经有较多的相关研究（Khwaja，2008）。在巴西里约热内卢地区一家原有机氯生产厂周围200 m，土壤、水体、植物都被 DDT 和 HCH 严重污染（Brilhante and Franco，2006）。Ricking 等测定了德国柏林原 HCH 生产厂附近 Teltow 运河的水和底泥样品，发现底泥柱中浓度最高的位置所对应的年份恰好是 HCH 厂正在生产的年份（Ricking and Terytze，1999）。印度的 DDT 和 HCH 生产厂周围土壤也分别受到 DDT 和 HCH 严重污染（Abhilash and Jamila，2008）。在西班牙的 Galicia 地区一家原 HCH 生产厂周围的土壤、植物、河水和底泥都受到 HCH 严重污染（Barriada-Pereira et al.，2005）。除了有机氯生产厂以外，也有不少关于有机氯存储点的研究。Pinkney 研究了如何利用 p，p'-DDD/p，p'-DDE 的比例鉴别 DDT 存储点周围区域污染物迁移方式（Pinkney and McGowan，2006）。在坦桑尼亚 Vikuge 和 Kibaha 有机氯存储点周围土壤和植物也被 DDT 和 HCH 污染。这些研究结果表明尽管工业区有机氯的污染区域较小，但是其污染严重程度远远超过农业区，而且工业区有机氯的迁移转化方式和速度与农业区也有较大的差异。

尽管中国环境介质中的有机氯残留正在逐渐降低，但是残留浓度在世界上还是处于比较高的水平。在天津、北京、武汉等存在有机氯工业的地区，某些小区域的有机氯残留浓度甚至超过了国家容许的环境标准，对人体可能导致一定健康风险，值得学术界进一步关注和研究（李静等，2008；葛成军等，2005）。

对于非特异性排放的持久性有机污染物如 PAHs、PCB 等，大面积的土壤中 PAHs 污染主要来源于释放到空气中的 PAHs 向地面的干湿沉降；污泥农用和污水灌溉也对土壤中 PAHs 的积聚有一定贡献（Tao et al.，2004），在局部地区是主要来源，刘期松等曾报道辽宁沈抚灌区抚顺三宝屯四队水稻田因30多年的石油污水灌溉而成为重污染农地（刘期松，1984）。研究显示，德国西部大气沉降中的 PAHs 类污染物每年向土壤的输入负荷为 20~40 g/hm^2；而英国 PAHs 类污染物每年的平均沉降负荷为 8.5 g/hm^2（Wilcke，2000）。我国天津地区大气沉降中 15-EPA PAHs（Nap 除外）的年沉降通量为 19.11 g/hm^2（Wu et al.，2005）。

表 1-1 健康风险分析的要素

Table 1-1 Key factors in health risk assessment

过去 单一途径的风险分析	现在 多个途径的风险分析	未来 "以人为中心"的整合系统风险分析
单一污染物	多个污染物	环境和生物交互的混合污染
多个污染源	多个污染源	同时存在影响个体的多个化学和非化学胁迫
单个环境介质归宿	多个环境介质的交互	环境系统和生物系统的整合
单个暴露途径	多个暴露途径	整合暴露和剂量分析
针对单一污染物的健康标准	针对具体物质和暴露途径的健康风险标准	各式人群的整合风险（包括易感人群）
不确定分析	不确定分析	不确定分析，具体环境和生物过程的变异性分析

对于污染导致的场地健康风险及其评价，国内外均有一些研究（曹云者等，2007；杨宇等，2005），譬如，Wcislo 等（2002）评价了波兰金属冶炼厂的健康风险；Morra 等（2006）借助 GIS 工具详细分析了人体健康风险评价的过程，并对欧洲某正在运行的工厂进行了风险评价。同时，健康风险评价经历了由单一途径的风险分析向多个途径的风险分析的转变，未来的发展方向将是"以人为中心"的整合系统的风险分析。

国内部分学者利用风险概念和分析方法对环境健康风险的应用研究也取得了较大进展，在污染土壤的健康风险评估方面进行了一些探索研究。主要研究工作集中于：①介绍国际场地污染土壤和地下水风险评估技术方法；②采用不同技术方法，结合污染场地开展风险评估案例研究；③基于风险评估方法，计算基于健康风险的污染土壤的修复限值。例如，陈鸿汉等（2006）和谌宏伟等（2006）分别对污染场地健康风险评价的理论和方法开展了探讨；曾光明等（1997）开展了水环境健康风险评价模型及其应用研究等；史春风等（1999）评价了松花江干流中 2 种致癌物和 5 种非致癌物的健康风险；谌宏伟等（2006）评价了常州市 A 厂有机污染的健康风险；乔敏等（2007）评价了太湖沉积物中多环芳烃的生态和健康风险；Liao 等（2005）评价了中国南方郴州市某工业区污染土壤的健康风险；高继军等

（2004）对北京市城区和郊区县的饮用水中 Cu、Hg、Cd 和 As 的浓度进行了调查研究，并对北京市各区县饮用水中重金属所引起的健康风险作了初步评价；罗启仕等（2007）和李丽和等（2007）分别尝试着获取了上海建设用地和典型石油化工场地的土壤指导限值。

欧美国家在不断建立和完善污染场地风险评价体系的基础上多数开展了全国性的污染场地调查，并根据不同场地条件和污染类型建立污染场地国家数据库。但由于治理难度大、费用高，真正治理的数目非常有限。过去 20 年，美国超级基金投资了数十亿美元专门治理污染最严重的 1 000 个污染场地，但效果不够理想。欧美国家非常重视污染场地风险评价，以求降低污染治理风险。美国专门设立了污染场地治理调查和可行性研究国家项目（RI/FS），结合风险评价，开展污染场地治理恢复决策。美国在污染场地风险评价的理论体系和先进经验被许多国家借鉴和采用，加拿大、澳大利亚和芬兰等国基本采用美国提出的风险评价方法，同时构建了适合本国实际的健康风险评价体系。

与国外相比，我国的健康风险评价尚处于起步阶段，实际应用还有待于进一步发展。同时需要关注的是对于土壤污染健康风险评估理论和方法的研究目前还开展较少，特别是典型污染行业城市土地置换开发过程中可能存在土壤潜在污染带来的人群健康风险，评估与风险管理方面的研究还相对薄弱，且目前研究的污染物以重金属为多（Liao et al.，2005；高继军等，2004；罗启仕等，2007），针对有机物（张应华等，2008；许川等，2007），尤其是 POPs 的健康风险研究报道很少。我国环境保护法和环境影响评价法只对规划和建设项目开展环境影响评价作出了规定，尚未涉及污染场地健康风险评价方面的内容，同时，我国的环境风险评价也主要以介绍和应用国外研究成果为主，因此，污染场地健康风险评价仍处于起步阶段，还存在较多的研究空白。

不过，近年来土壤环境信息系统（Soil Environmental Information System，SEIS）逐渐成为国内外土壤学界研究的热点和前沿课题之一（王炜明等，2005），它能够结合获取的污染物浓度数据、污染物毒理数据、空间位置数据和相关属性数据，对这些数据进行各种时空分析和评价，如空间预测、时间预测、环境质量评价、生态风险评估、人体健康风险评估等。以我国土壤数据库建设为例，中国科学院南京土壤研究所在中国科学院"十五"信息化建设项目的资助下，建立并正在逐步完善基于网络的中国土壤数据库，该数据库包括土壤分类数据库、1:400万土壤空间数据库、1:100万土壤空间数据库、中国土种数据库、土壤质量动态监测数据库、氮磷钾养分循环数据库和区域农田生态研究数据库。它为建立全国性的土壤环境安全预警系统提供了有利的条件。但由于先前投入不足和对此项工作重视不够，现建成的土壤数据库主要是区域性的，且数据库中数据量少，指标比较单一，缺少许多环境指标数据。环保部和国土资源部于2006年联合启动的首次全国土壤污染状况调查，部分缓解土壤数据库中数据不足和缺乏全国性土壤环境数据库的问题。同时，随着我国"以人为本""经济、社会、环境和谐发展"战略的确定，场地污染治理工作将逐步展开，污染场地健康风险评价工作也必将提到十分重要的位置。

由于健康风险评价本身不完善，目前的应用受到很大限制。Steinernann（2000）的研究表明，美国绝大部分环境影响评价报告书中没有提及健康风险，极少部分涉及健康风险的环境影响报告书也只是关注有毒化学物质或放射性物质引发的癌症风险，而忽略了其他重要的因素，如发病率、致死风险、累积影响、代际影响和更大范围内决定健康的因素（毛小苓和刘阳生，2003）。

1.2 健康风险评价模型的应用

在健康风险评价的四个步骤中，暴露评价是最重要的。它需要对人体所受到的暴露量、持续时间、频率等进行量化描述。暴露的量化有很多种方法，最直接的方法就是在暴露发生时通过测量获得，如身体监测或生物学监测；间接的方法就是根据其他测量数据及现有的数据通过外推来对暴露进行量化，如环境监测、调查问卷、日记、暴露模型模拟等。在直接测量不可获取或不适用时，运用模型进行评价是非常有效的方法。

健康风险评价发展二十多年来，不同的组织或团体根据各自不同的需要已经开发了若干个暴露评价模型以用于健康风险评价（表1-2）。现有的暴露评价模型根据暴露源可以分为环境暴露、饮食暴露、消费品暴露、职业暴露和综合暴露五种类模型。环境暴露模型量化人体接触周边环境介质中的污染物质的暴露量，评价人群如何受到特定污染物的暴露，大部分评价模型属于此类型，包括 CLEA（Contaminated Land Exposure Assessment Model）、CalTox、ADMS（Atmospheric Dispersion Modeling System）、RISC（Risk Integrated Software for Cleanups）等。饮食暴露模型可用于预测人体通过消耗食物、水和其他饮食而暴露化学物质的量，包括 Consumer（Consumer Exposure Model）、Intake（Intake program）等。消费品暴露有很多类型，包括鞋子擦亮剂、洗涤剂、杀虫剂等均含有有害物质，评价模型有 ConsExPo（Consumer Exposure and Uptake Model）、Rex（Residential Exposure Model）等。职业暴露模型用于量化工作场所存在的危险物质所带来的危害，评价这些危害引起人身伤害的可能性，包括 EASE（Estimation and Assessment of Substance Exposure）、POEM（Predictive Operator Exposure Model）等。综合评价模型是针对某一种化学物质通过所有暴露途径（环境暴露、饮食暴露、消费品暴露等），或者多种化学物质共同存在对人体的总暴露量进行评价，包括 LifeLine™、Calendex™（Calendar-based Dietary and Non-dietary Exposure Software System）、CARES（Cumulative and Aggregate Risk Evaluation System）、SHEDS（Stochastie Human Exposure Dose Simulation）、EUSES（European Union System for the Evaluation of Substances）等。对于上述模型的情况，Fryer 等（2006）和李丽和（2007）曾进行过评述。

LifeLine™模型（LifeLine Group Inc，2001）是美国 Lifeline 公司开发的用来估计杀虫剂对人群的综合暴露和累积暴露风险的评价工具。该模型是一个概率评价模型，可通过蒙特卡罗模拟来进行可变性与不确定性的分析，适用人群包括美国和加拿大的普通人群和儿童、育龄妇女等亚人群，暴露的来源包括饮食、家庭环境、饮水或自来水、住宅农药产品、农药使用者，或者这些来源的总和。

表 1-2 化学品健康暴露模型汇总——适用对象、暴露场景和特性

Table 1-2 Summary of human exposure modelling for chemical risk assessment-applicable objects, scenarios and attributes

名称	简写	开发机构	适用对象	暴露场景	参数特性	备注	类型	参考文献
LifeLine	LifeLine™	美国 LifeLine 公司	只适用杀虫剂			可评价综合暴露和累积暴露	综合暴露	(LifeLine Group Inc, 2001)
Calendar-based Dietary and Non-dietary Exposure Software System	Calendex™	美国 Novice 科学公司	只适用杀虫剂		基于美国数据	限制性修改参数和污染物质	综合暴露	(Barraj et al., 2000)
Cumulative and Aggregate Risk Evaluation System	CARES	美国 Croplife	杀虫剂	饮用水、食物等家庭中暴露	基于美国数据	只关注有限数量的暴露场景	综合暴露	(Farrier and Pandian, 2002)
Consumer Exposure Model	Consumer	英国杀虫剂安全理事会	杀虫剂	饮食暴露	一般英国人或特定年龄人群	不能评价累积暴露	饮食暴露	(Fryer et al., 2006)
Intake program	Intake	英国食物标准署	多种化学物质	饮食	包含英国的饮食调查数据	只能评价一周内的饮食暴露，不能同时对多种物质进行评价	饮食暴露	(BIBRA, 1995)
Stochastic Human Exposure Dose Simulation	SHEDS	美国环保局	杀虫剂和颗粒物		基于美国人口	模型在开发中，可预测血液及尿液中的代谢物	综合暴露	(Zartarian et al., 2002)
Contaminated Land Exposure Assessment Model	CLEA	英国环境署和环境、食品与农村事务部及苏格兰环保局联合开发	有机物质和无机物质	土壤，能够结合土壤污染评估成人及小孩在场地上生存、工作或活动的长期暴露	基于英国数据	可添加污染物，可产生土壤指导值 SGV，计算 ADE/HCV	环境暴露	(DEFRA, 2002)

（续表）

名称	简写	开发机构	适用对象	暴露场景	参数特性	备注	类型	参考文献
Caltox	Caltox	美国加州环保局有毒物质控制处	有机物质和无机物质	土壤、空气、水体等多介质	基于加州居民	可以模拟污染物的迁移转化过程，不适合水域面积超过10%区域	环境暴露	(OSACDTSC, 1993)
Atmospheric Dispersion Modeling System	ADMS	英国剑桥环境研究咨询公司		气体扩散		只考虑吸入途径	环境暴露	(CERC, 2001)
Consumer Exposure and Uptake Model	Consexpo	荷兰国立公众健康与环境学院	多种化学物质	消费品		只考虑通过产品摄入	消费品暴露	(van Veen, 1995)
Estimation and Assessment of Substance Exposure	EASE	英国健康与安全职能部门	多种化学物质	吸入与皮肤接触	英国工作环境的测量值	只考虑正常工况，半定量的职业暴露评价	职业暴露	(HSE, 2000)
European Union System for the Evaluation of Substance	EUSES	欧盟委员会，欧洲工业协会及欧盟成员国	化学物质	环境、饮食、产品消费、工作等		为特定法规目的而设计，缺乏弹性，不能进行特定场地分析	综合暴露	(Vermeire et al., 1997)
Predictive Operator Exposure Model	Poem	英国	仅杀虫剂			职业暴露评价模型	职业暴露	(PSD, 1992)
Risk Integrated Software for Cleanups	Risc	BP石油公司	化学物质	土壤、空气、水体		适用的场景有限	环境暴露	(Spence and Walden, 2001)
Residential Exposure Model	Rex	美国	仅杀虫剂	住宅暴露		基于美国1996食品质量暴露法案协调	消费品暴露	(OPCSGI, 2000)

Calendex™模型（Barraj et al., 2000）是美国 Novice 科学公司开发的一个健康风险评价模型，该模型可评价人体暴露于单个或多个化合物的总风险及累积风险，时间段可以是每日、急性、短期、中期和长期（至 1 年），且化学品可以来自食品、住宅或住宅周围残留和化学品职业暴露。该模型是基于美国的数据来开发的，同时也不适合于对杀虫剂以外的物质进行评价，这使得该模型的适用范围受到很大的限制。

CARES 模型（Farrier and Pandian, 2002）是美国 CropLife 机构开发的一个以受体为中心的概率评价模式。该模型可用来评价杀虫剂暴露的累积风险及综合风险。CARES 模型可对来自饮用水、食物、基于家庭处理中的杀虫剂暴露进行量化的刻画。该模型考虑的暴露途径较全面，对于毒性机理相似的杀虫剂还以评价累积风险，但模型只关注有限数量的暴露场景，使用基于美国的数据库，仅适用于对杀虫剂进行评价，当前版本评价的持续时间小于 1 年，不考虑家庭以外的暴露，需要的数据较多。

Consumer 模型（Fryer et al., 2006）是由英国杀虫剂安全理事会开发的，可用于评价人体通过日常饮食而受到杀虫剂暴露的情况。该模型简单，需要的数据量少，可对一般的英国人群或特定年龄的人群暴露情况进行预测，但是该模型只考虑食物摄入的暴露途径，采用的参数是消费数据第 97.5 个百分点的数据，不能进行累积评价，不能进行概率评价。

Intake 模型（BIBRA, 1995）是英国食物标准署开发的一个简单的饮食暴露评价工具。该模型中包含有英国的饮食调查数据，需要输入的数据较少，但是只能评价一周内的饮食暴露，不能同时对多种物质进行评价，模型中缺乏可变性及不确定性的分析模式。

SHEDS 模型（Zartarian et al., 2002）是美国环保局开发的人体暴露及剂量随机模拟体系，该体系中包含多个模式，目前已开发出了 SHEDS—杀虫剂与 SHEDS—颗粒物两个模式，可对杀虫剂与颗粒物的多暴露途径进行评价。SHEDS 模型采用的是两阶段的蒙特卡罗技术，可分别对可变性与不确定性进行描述，可进行综合的及累积性的评价，可预测血液及尿液中代谢物的浓度；但是由于模型还在开发之中，因此其适用的场景及物质有限，要求输入的数据相当复杂，采用的数据及模型默认值是基于美国人口的数据。

CLEA模型（DEFRA，2002）是英国环境署（EA）和环境、食品与农村事务部（DEFRA）以及苏格兰环保局联合开发的一种风险评价工具，已被英国官方用来产生英国土壤污染物的指导值（Soil Guideline Values，SGVs）。CLEA模型能够结合土壤污染物的毒性信息来评估污染物对成人及儿童在场地上生存、工作或活动时的直接暴露和间接暴露，并能根据某一给定的土壤污染物浓度来预测污染物对人体的可能暴露量。由于该模型能够在可容忍的或可接受的污染物摄入量方面将暴露预测值与健康标准值（Health Criteria Values，HCVs）进行比较，因而可用来产生土壤指导限值，并基于所得到的指导限值来设定保护人体健康的土壤污染物的允许浓度。CLEA模型以机理的方式预测污染物的迁移情况及人体所受到的暴露，可以进行综合的暴露评价，可进行确定性的风险评价。CLEA模型虽然是基于英国的情况开发的，但是它是开放式的模型，可以根据需要对其中的很多参数（土地类型、评价场景、化学物质等）进行修正。

Caltox模型（OSACDTSC，1993）是美国加州环保局有毒物质控制处开发的一个用于危险废物场地人体健康风险评价以及确定土壤清洁标准的多介质风险评价模型。该模型运用以逸度为基础的物量平衡方法确定均一环境构成中的污染物浓度，主要用于污染土壤以及大气、地下水、地表水和沉积物等危险废弃物场地的风险评价，用于计算废弃地中危险化合物释放给人类带来的健康风险，可用于成人和看护的婴儿。模型主要包括两个部分：多介质环境归宿模型和多途径暴露模型，既可模拟污染物在环境中的迁移转化过程，也可以模拟污染物通过各种不同的暴露途径暴露到人体的情况，是一个中等复杂的模型。虽然Caltox模型的数据库丰富，可评价340多种物质的风险，但是该模型的默认参数是基于加州居民而设定的，不适合于进行多种物质的累积风险评价，对通过食物摄入的饮食暴露评价能力有限，不能进行急性及中等持续暴露时间的评价。

ADMS模型（CERC，2001）是英国剑桥环境研究咨询公司开发的一个气体扩散模拟系统。模型内完善的机理模式，运用 Gaussian plume 方法由空间点、线、面浓度模拟空气的扩散、降解过程，以估算周围空气中污染物浓度的空间分布。由于模型没有对源头—途径—受体之间关系进行充分量化描述的模式以及只考虑吸入暴露途径而没有考虑其他的暴露途径，因此运用该模型来进行多途径、多介质暴露评价是不合适的。

Consexpo 模型（van Veen，1995）是荷兰国家公众健康与环境学院开发的用于评价产品中（鞋子擦亮剂、洗涤剂、杀虫剂等）的化学物质通过消费而对人体产生暴露的评价模型。模型中包含有大量预测消费品中化学物质暴露的模式，可以评价多种化学物质。该模型提供了一个弹性的模拟系统，可以评价各种不同复杂程度的场景，可进行确定性的与概率的评价，可评价急性的与慢性的暴露，但是 Consexpo 模型较为复杂，只考虑了通过产品摄入的暴露途径，不能进行多种物质的累积性评价。

EASE 模型（HSE，2000）是 20 世纪 90 年代初英国健康与安全职能部门（UK Health and Safety Executive，HSE）开发的一个半定量的职业暴露评价模型。该模型评价工人在工作中暴露有害物质的情况，可用来评价不同职业环境下吸入与皮肤接触暴露途径的暴露水平，适用于对多种物质进行评价。模型中的数据库为 HSE's National Exposure Database，采用的是英国工作环境中的测量值，但是模型评价是半定量的，对每个暴露途径分开考虑而不能进行综合的评价，只考虑正常工况下的暴露而不考虑污染物溢出或事故时的暴露。

EUSES 模型（Vermeire et al.，1997）是由欧盟委员会、欧洲工业协会及欧盟成员国共同开发的一个较为全面的模型系统。它可评价化学物质的迁移转化情况以及化学物质经由环境、饮食、产品消费、工作等对人体的暴露情况。该模型可进行多暴露途径的评价与综合评价；但是模型采用最坏可能的假设及默认值，模型是为特定法规目的而设计，缺乏弹性，不能进行特定场地的暴露评价，不能进行可变性与不确定性的分析。

Poem 模型（PSD，1992）是英国的一个用于评价职业暴露场景中杀虫剂暴露水平的半定量评价系统。与其他的职业暴露评价模型一样，

Poem 模型只适用于职业暴露评价，并且仅适用于对杀虫剂进行评价。

Risc 模型（Spence and Walden，2001）是 BP 石油公司开发的风险综合评价系统。它以机理的方式评价化学物质的迁移转化以及对人体造成的暴露，模型可对污染土壤、空气、水体的暴露进行评价，可进行筛选水平与高等级的综合与累积的暴露评价，但是模型可适用的场景有限，需要输入的参数较多。

Rex 模型（OPCSGI，2000）是美国开发的一个与 1996 年暴露法案协调一致的住宅暴露模型。该模型提供一个弹性的住宅暴露水平评价体系，可进行多暴露途径的概率评价，但是只适用于进行杀虫剂的暴露评价。

1.3 区域 POPs 健康风险研究中存在的问题

（1）区域层面污染物基础信息不足。现有有关区域污染物基础信息严重不足，在大部分区域环境研究中只报道很少几种已知具有毒性的污染物，虽然有些国家已经建立了诸如有毒化学品毒性数据库，但由于已知的化学物质种类庞大（达 200 万种以上），且每年至少合成 25 000 种以上的新物质，因此，关于有毒有害化学品的基础毒性和生物学资料积累工作仍任重道远。污染场地的管理同样也没有引起各级环保部门足够的重视，基本上没有专门管理污染场地的机构和人员，导致目前我国污染场地现状的基础数据严重缺乏，对污染场地的种类、数量、污染程度、扩散范围缺乏基本的了解，其对人类健康和环境的影响的了解程度也非常有限。而且，由于历史原因，污染场地责任主体不明，很多污染场地出现无人治理、无人问津的局面。

以往环境风险评价的研究主要集中在有毒有害化学物质、放射性物质等方面，对于其他因素如生物、物理因子造成的环境风险研究较少；对于突发性事故研究较多，而对于非突发性环境风险评价研究较少；对于急性毒性作用的风险研究较多，而对于长期慢性累积的风险研究较少。

（2）土壤污染治理标准尚未形成体系。我国虽然有一些污染土壤和场地的相关标准，但是《土壤环境质量标准》主要是面向农业土壤，并且只有 DDT 和 HCH 的相关标准，缺乏其他 POPs 的具体标准；而《工业企业土壤环境质量风险评价基准》虽然涉及污染物较多，但是其主要目的是为保护在工业企业工作或在其附近生活人群以及工业企业界区内的土壤和地下水而制定，目前没有适用于住宅区和商业区等其他土地利用的土壤标准。

（3）理论与实践脱节。目前环境风险评价的理论框架和技术路线基本形成，许多国家认识到环境风险评价的重要性，通过制定法律法规等要求推进环境风险评价。但在具体实践过程中却存在很多不足，已经完成的环境评价文件中很少涉及健康风险和生态风险的内容。因此，在进行环境风险评价理论研究的同时，应该加强环境风险评价的应用研究。

（4）评价与决策管理衔接不够。环境风险评价的最终目的是为风险决策管理提供科学依据，但目前对这一环节缺乏系统的研究。中国各级环境保护行政主管部门基本上没有设置专门管理污染土壤和污染场地的机构和人员。这种状况导致了风险管理没有得到及时的执行。环境风险决策不仅取决于风险评价的结果，还受到社会经济条件、伦理道德、公众意识、甚至种族和各种利益集团的影响，因此，环境风险评价在风险决策过程中如何发挥作用、发挥多大作用等问题需要加强研究。

（5）不确定性问题。环境风险评价的基本特征之一就是不确定性。主要来源于：①由于客观世界的复杂性和人们认识世界的局限性，导致对风险过程中的某些现象和机理至今仍没有科学的认识；②由于环境风险研究的历史很短，目前相关的信息和资料的积累很有限，导致评价中所需的许多基础资料缺乏，使评价结果具有不确定性；③利用相关信息进行推理、计算和决策所采用的方法和模型并不能完全真实地反映客观实际；④关于环境风险评价的标准问题，目前缺乏能为公众接受的各种必需的风险标准。

1.4　本章小结

　　本章在对国内外文献大量调研的基础上，通过综述 20 世纪 30 年代以来健康风险评价由定性—半定性—定量—理论实践结合不断发展的历程，介绍了健康风险评价的步骤，进一步阐述了 POPs 健康风险评价的研究现状及健康风险评价模型的特性等，明确了区域健康风险研究中存在的问题，介绍了本项研究工作的前提和理论依据。

研究内容与研究方法

2.1 研究目的和拟解决的主要问题

2.1.1 研究目的及意义

通过污染物筛选程序，选取环渤海地区典型 POPs 物质，在分析比较国内外已有的各种风险评价模型的基础上，筛选出适用土壤 POPs 健康风险的模型，并对环渤海地区（环渤海北部地区、天津滨海新区和官厅水库地区）进行 POPs 健康风险评价。以天津滨海新区和官厅水库地区作为典型工业区和非工业区的代表性区域，借助健康风险评价模型和 GIS 平台，对区域 POPs 健康风险进行模拟量化，并探讨工业区和非工业区 POPs 暴露的健康风险特征和空间分异，分析区域功能定位、经济发展阶段、产业结构和历史残留等因素对 POPs 健康风险的影响。依据区域内土壤中 POPs 健康风险的空间分布状况，在滨海新区内发放统一设计的"滨海新区环境健康调查问卷" 742 份，探讨滨海新区周边污染源、土壤中污染物浓度及饮食等因素对居民健康的影响度。综上分析，提出针对环渤海地区不同功能区提出污染场地风险管理模式，旨在为区域健康风险管理提供定量依据和数据支持，为降低居民健康风险、进行风险管理提供依据，对完善我国 POPs 环境管理对策具有重要的理论意义和参考价值。

2.1.2 研究内容和技术路线

2.1.2.1 主要内容

（1）环渤海区域典型 POPs 及健康风险评价模型的筛选及参数体

系的修正。综合考虑有毒物质的理化性质、环境持久性、高生物蓄积性、毒性、环境检测中的检出频次、迁移和归宿行为以及环境背景浓度等方面，综合打分结果及征求专家意见后，确定代表性污染物。

（2）通用场地 SGVs 的获取。对已有模型进行比较和适用性评价，筛选出合适的健康风险评价模型。在大量场地调查和实际监测数据的基础上，对模型进行参数修正，获取通用场地的土壤指导值（Soil Guideline Values），并通过计算获得相应的指标值，为 POPs 土壤环境质量标准的制定提供依据。

（3）环渤海北部地区、典型工业区和水源地保护区健康风险表征及空间分布格局分析。基于作者课题组前期系统的样品检测和研究成果，以环渤海北部地区、典型工业区和水源地保护区为研究对象，借助健康风险评价模型和 GIS 平台，对区域 POPs 健康风险进行模拟量化，并探讨工业区和非工业区 POPs 暴露的健康风险特征和空间分异。

（4）周边污染源、土壤残留及饮食摄入等 POPs 潜在健康风险影响因素分析。依据区域内土壤中 POPs 健康风险的空间分布状况，在滨海新区内选取 23 个点位发放统一设计的"滨海新区环境健康调查问卷"742 份。问卷调查的主要目的是为分析滨海新区居民周边污染源、土壤中污染物的浓度及饮食结构等因素对居民健康的影响，为降低健康风险，进行风险管理提供依据。

（5）提出针对不同功能区健康风险管理模式。在综合分析国内现有 POPs 风险管理的环境政策法规框架、实施情况及存在问题的基础上，借鉴发达国家污染场地风险管理的经验，从宏观管理和区域调控两个层面提出了环渤海地区 POPs 控制的举措建议。

2.1.2.2 研究方法

（1）信息资料获取方法：文献调研、实地考察、样品分析、问卷调研。

（2）污染物筛选方法：层次分析法。

（3）统计分析方法：相关性分析、主成分分析、差异性分析、二元多参数 Logistics 回归分析、非负约束因子旋转分析。

（4）数学模拟方法：健康风险评价模型。

（5）空间分析方法：克里格插值。

2.1.2.3　技术路线

在前期文献调研和实地考察的基础上，研究分两条主线展开，一条主线以环渤海地区为案例区的典型POPs的实地检测、风险格局分析，并进行重污染区的环境健康问卷调查；另一条主线分析国内外风险管理的对策框架。整合两条主线，提出环渤海地区不同功能区POPs健康风险管理模式，具体参考图2-1。

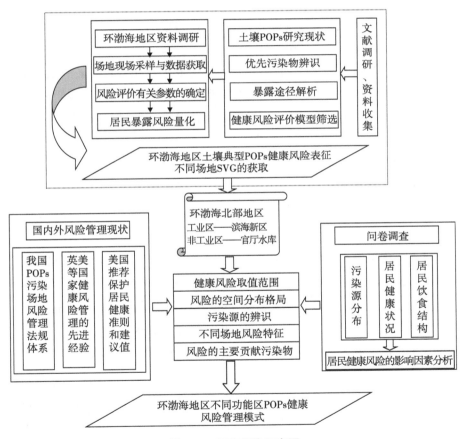

图 2-1　研究路线示意图

Fig. 2-1　The flowchart of this research

2.1.3 目标污染物筛选及简介

2.1.3.1 优控 POPs 污染物筛选原则及名单确定

具有 POPs 性质的化学品有许多种，必须根据可操作的判定基准和风险评价程序，对这些化学品加以判别和筛选，以便采取国际行动来控制和消除 POPs。为了判定一种物质是否是 POPs，ICCA 提出了以下的判定基准：①持久性标准：用半衰期来判断，在水体中为大于 60 d，在土壤中为大于 180 d，在沉积物中为大于 180 d。②生物积累性基准：用生物浓缩系数（BCF）或者生物积累系数（BAF）值来判断，BCF 或 BAF>5000；如果没有 BCF 和 BAF 的数据，则通过正辛醇/水分配系数（LogKow）来判断，LogKow>5。③远距离环境迁移的潜在能力：在空气中的 $t1/2$ 应大于 2 d 以及蒸气压在 0.01~1 kPa；在极地地区水体中的质量浓度>10 ng/L。④不利影响基准：有证据表明其对人类健康和环境产生不利影响，或有表明其可能对人类健康或对环境造成损害的毒性或者生态毒性数据。

1. POPs 污染物分类

根据上述基准，越来越多的 POPs 物质开始被发现并进一步限制生产和使用，其中最为著名的是《斯德哥尔摩公约》规定的需采取国际行动的首批 12 种（类）POPs，包括三大类：

（1）有机氯农药类（OCPs）。六氯苯（HCB）、艾氏剂（aldrin）、氯丹（chlordane）、滴滴涕（DDT）、狄氏剂（dieldrin）、异狄氏剂（endrin）、七氯（heptachlor）、灭蚁灵（mirex）和毒杀酚（toxaphene）。

（2）工业化学品。六氯苯（HCB）和多氯联苯（PCBs）。

（3）非故意生产的副产物。多氯代二苯并-对-二噁英[简称"二噁英（PCDDs）"]、多氯二苯并呋喃[简称"呋喃（PCDFs）"]。

事实上符合 POPs 定义的化学物质远远不止上面所提到的 12 种（类）。1996 年的《关于长距离越境空气污染物公约》（LRTAP）的议定书中提出的受控 POPs 除了 UNEP 提出的 12 种物质之外，还有六溴联苯、林丹、多环芳烃、五氯酚等。2005 年 5 月 6 日，在乌拉圭召开的《斯德哥尔摩公约》缔约国大会上，五溴联苯醚、开蓬、六溴联苯、全氟辛烷以及包括林丹在内的六六六也都被提出要求列入公约禁止使用的有机物后备名单，以进一步加大持久性有机污染物的控制力度。此外，更多的POPs如阿特拉津、毒死蜱等物质开始被学术界和非政府组织提名需要控制其生产和使用。

2. POPs污染物筛选原则

环境中污染物的种类繁多、性质各异，对人体健康及生态系统所造成的危害程度也不一样，为此需要挑选出优先污染物，并对其实行针对性的管理。优先污染物的识别筛选是进行环境监测管理的前提和基础。优先污染物筛选的原则一般如下（李丽和，2007）：

（1）广泛存在于环境介质（水、土壤、沉积物、生物体等）中。

（2）难以降解，具有生物累积作用。

（3）具有毒性（急性毒性与慢性毒性）或致癌、致畸、致突变性。

（4）参考国内外已有的优先控制污染物名单。

（5）当前已具备条件进行优先监测和优先控制的污染物。

3. POPs污染物筛选评价体系

国内外在建立指标体系时，所选择的指标主要涉及以下几个方面：有毒物质的理化性质；环境持久性；高生物蓄积性；毒性；环境检测中的检测频次、迁移和归宿行为以及环境背景浓度等。因此，在此基础之上建立环渤海地区土壤中典型POPs筛选评价系统，主要内容包括：评价指标体系的建立；指标评分标准的确定；指标权重的确定；污染物分值的计算及排序（图2-2）。

在确定评分标准等级时一般遵循以下原则（李丽娜，2007）：

（1）指标内涵概念清晰，等级划分合理。

（2）拉开档次，使各等级所代表的重要性程度有较明显的区别。

（3）尽可能使用量化指标，对部分无量化的指标，在定性描述时，应有易于区分的界限。

根据以上原则，参考国内外有关文献及资料，将各项指标的评分标准从高到低划分为5个等级（5分、4分、3分、2分、1分），即极高风险、高风险、中等风险、低风险和可忽略风险，然后对污染物进行评分。

根据综合打分的结果，经过多方面的考虑及征求专家意见后，本研究确定目标污染物为USEPA优控的16种PAHs（萘、苊烯、苊、

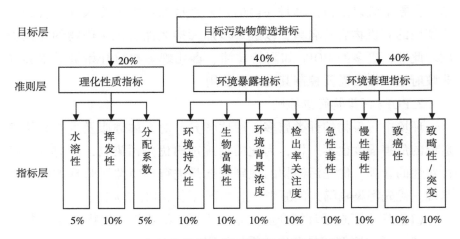

图 2-2 污染物筛选拟建立的指标体系及评分权重

Fig. 2-2 Established typical pollutant screening system and scoring weights

菲、蒽、荧蒽、芘、苯并［a］蒽、䓛、苯并［b］荧蒽、苯并［k］荧蒽、苯并［a］芘和茚［123-cd］芘、二苯并［a, h］蒽和苯并［ghi］苝），DDT（包括 p, p'-DDT，p, p'-DDE，p, p'-DDD，o, p'-DDT）和 HCH（α-HCH、β-HCH、γ-HCH 和 δ-HCH）。

2.1.3.2 典型 POPs 对人体健康的影响

DDT 对人体的健康危害主要表现为对人体中枢神经及肝脏、肾脏的损害和致癌作用。Hayes（1976）曾报道过人体对大剂量 DDT 的意外暴露或职业暴露的健康影响后果。在受到 DDT 暴露的工人体内的血清中发现有肝脏生化酶。DDT 对生物体生殖系统的毒性效应可通过动物试验来验证。相关试验结果证明，DDT 能够损害生物体的生育能力导致不孕（Jonsson Jr et al., 1975）或者降低受精卵的存活率（Lundberg, 1974），延缓雌体子宫发育（Fabro et al., 1984）。此外，DDT 还具有致癌作用（Cabral et al., 1982），能导致神经系统紊乱（Eriksson et al., 1990）和引发胎儿死亡（Clement and Okey, 1974）。近期的研究还发现 DDT 对人体的暴露还可能诱发乳腺癌。人体暴露试验（IPCS, 1999, 2000）证明，按体重计，一次服用剂量为 6~10 mg/kg 的 DDT 会引发出汗、头痛和恶心，一次剂量达 16 mg/kg 时则导致惊厥。农药施用者主要暴露于 p, p'-DDT，而一般人群则暴露于膳食和饮水中的 p, p'-DDE。在 WHO

(世界卫生组织)和 FAO（联合国粮食及农业组织）发起的联合项目——JMPR（杀虫剂残留物联合会议）（IPCS，2000）上报道了人体 DDT 暴露与癌症发病率之间的流行病学研究进展。在病例与对照研究中发现 DDT 暴露与妇女乳腺癌发病率之间存在一定的因果关系，虽然胰腺癌、多发性骨髓瘤、非何杰金氏淋巴瘤和子宫癌的研究不支持与环境暴露 DDT 有关联的假设，但在重度、连续职业暴露在 DDT 的情况下不能排除增加胰腺癌的危险。此外，DDT 还可能具有内分泌干扰作用——雌激素受体激活和雄激素的抑制可能是 DDT 类化合物的作用机制，它们会干扰人体繁殖功能。

HCH 农药化学性质稳定，脂溶性极强，很早就被发现在环境中的持久性残留以及在高营养级生物体内的富集作用（Moore and Walker，1964）。HCH 农药残留物在环境中通过生物富集和食物链进入人体后易于蓄积于脂肪及富含脂肪的组织中，对人体免疫、神经和生殖系统产生慢性毒性作用，可引起肌肉振颤、肝肿大、肝细胞变形、中枢神经系统病变。β-HCH 还具有环境激素的作用，易引发女性乳腺癌、子宫癌等生殖器官的恶性肿瘤（Sturgeon et al.，1998）。在 HCH 各异构体中，α-HCH 表现出较强的致癌活性，已和工业品 HCH 一起被美国国家环保局（USEPA）划入 B2 类人体致癌物质（IARC，2003）；作为最稳定的异构体，β-HCH 在人体组织中的蓄积占主要地位（Willett et al.，1998）。γ-HCH 可刺激中枢神经系统，α-HCH 和 δ-HCH 被认为是中枢神经系统的抑制剂。据有关毒理学试验（吴永宁，2003）证明，工业品 HCH 主要损害肝脏，而林丹则损伤雄鼠肾脏。能引起肾脏病变的剂量林丹为 1 mg/kg，工业品 HCH 为 25 mg/kg，病变程度与林丹呈明显的剂量—效应关系，并有 γ-HCH 异化成 α-HCH 的现象。在人体盯肨中检出的 HCH 含量与人体脂中含量呈显著正相关关系，因此，中国预防医学科学院营养与食品卫生所曾于 20 世纪 80 年代初，在我国 13 个省的 35 个县、市调查了成人人群盯肨中 HCH 的蓄积水平，发现其与当地 HCH 农药的施用量呈显著正相关，同时还与当地男性肝癌、肠癌和肺癌以及女性肠癌相关。

人类及动物癌症病变有 70%~90% 是环境中化学物质引起的，而 PAHs 则是环境中致癌化学物质中最大的一类。迄今为止发现的致癌性多环芳烃及其衍生物已经达到 400 多种。加拿大、挪威、法国和美国开展的大量的流行病学调查与研究表明，铝厂工人患膀胱癌的危险性增加，Soderberg 铝厂的工人尤其如此。加拿大进行的控制试验表明，膀胱癌的发生与煤焦油和沥青挥发出的 Bap 和可溶于苯的其他物质有关，若在含 bap 浓度为 1 μm/m³ 的空气中暴露一年，患膀胱癌的比例则增大 1.7%。一些铝厂工人患肺癌的危险也有增加。使用煤干馏法生产煤气的工人患阴囊癌和皮肤癌的概率明显增加（Henry，1947；Ross，1948），来自挪威 Bruusgaard 的更早的报告中还报告生产煤气工人肺癌患者的增加。Doll 及其合作者（Doll，1952；Doll et al.，1965，1972）在英国进行的煤气工人现代流行病学的研究表明，进行煤干馏的工人患肺癌和膀胱癌的危险增加两倍，而其他组的工人则未发现癌症的增加。在德国汉堡进行的研究也获得同样的结果（李新荣，2007）。自 1960 年以来，美国和加拿大已经进行了关于焦炉工人患肺癌的危险增加两倍（Costantino et al.，1995），中国报道的案例则是危险增加 2~4 倍（Wu，1988）。意大利（Franco et al.，1993）和法国（Chau et al.，1993）也报道了相似的结果。而荷兰（Swaen et al.，1991）和日本（Sakabe et al.，1975）报道的危险只增加了 30%。扫烟囱工人阴囊癌发病率高的报道（Pott，1775）的案例在职业流行病研究史上占有一席之地，然而关于该行业的现代流行病学研究却相对较少，但最近瑞典的研究表明该行业从业人员中患肺癌、食道癌、肝癌、前列腺癌、肾癌和皮肤癌的危险性都有增加趋势（Evanoff et al.，1993）。同时 PAHs 导致鼻咽癌和胃癌。例如，冰岛居民喜欢吃烟熏食品，其胃癌标化死亡率达 125.5/10 万。

室内燃烟煤及木材燃烧产生的 PAHs 是导致中国宣威地区肺癌发病率高于其他地区 5 倍的主要因素。宣威地区女性肺癌发病率是全国最高的，当地使用三种烹调和取暖燃料包括：烟煤、无烟煤和木柴。过剩癌症发病率和当地使用的烟煤相关，当地使用烟煤多的家庭，燃烧化学物质（包括 PAHs 在内）的浓度在数量级上已经相当于污染严重的职业环境浓度（Zhang and Zhao，2007），谢重阁等（1991）对大气中 BaP 浓度和肺癌的死亡率进行过研究，结果是二者之间存在高度的正相关关系。BaP 浓度每 100 m³ 增加 0.1 μg 时，肺癌死亡率上升

5%。还有文献报道，烹调产生的油烟，尤其是菜籽油，也会增加肺癌发生的危险（厉曙光和潘定华，1991）。在加州洛杉矶进行的一项调查表明，在童年时家中使用燃煤取暖的人患肺癌概率增加（Boffetta et al.，1997）。Simonato 和 Pershagen 发表过一篇关于室内空气污染和癌症风险的总数。美国室内木柴燃烧是向环境中排放 PAHs 的主要来源，但是在致癌风险方面，机动车是主要原因（Boffetta et al.，1997）。我国的大气环境质量标准规定了 BaP 的浓度标准是 10 ng/m^3，但对其他种类 PAHs 还没有明确的标准。在 PAHs 暴露评价中，考虑到不同 PAHs 对人体毒性贡献的差异，应用了毒性等效因子（TEFs），其中以 Nisbet 在 1992 年提出的一套新的 TEFs 值比较常用（Nisbet and Lagoy，1992）。

2.2 研究区域概述

环渤海地区属温带大陆性季风气候，四季分明，气候适宜。年平均气温在 10 ℃左右，1 月的月平均气温最低，一般在 0 ℃以下，7 月的月平均气温最高，通常在 25 ℃以上。环渤海地区多年平均降水量为 509 mm，降水量四季分布不均，多集中在夏季 6、7、8 月，占年降水量的 60%以上；冬季降水量最少，月平均降水量多在 10 mm 以下。

研究区域主要涵盖（图 2-3）：环渤海北部地区的唐山、秦皇岛、葫芦岛、锦州、盘锦、营口、大连、丹东，围绕入海的主要河流下游、入海口及周边土壤展开布点采样；选取环渤海腹地的水源地保护区——官厅水库地区和滨海工业区——天津滨海新区作为典型区域，采取均匀布点的方式深入研究 POPs 在表层土壤中潜在健康风险的空间分布特征及其影响因素。

2.2.1 环渤海北部地区

环渤海北部地区地处华北和东北（图 2-3），包括河北省的唐山和秦皇岛及辽宁的葫芦岛、锦州、盘锦、营口、大连和丹东八个城市，这一地区土地面积 约为 7.92 万 km^2，占环渤海总面积的 7%；总人口

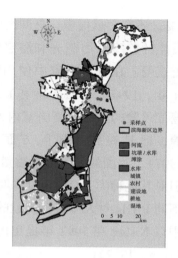

图 2-3　总体研究区域示意图

Fig. 2-3　Study areas of this research

近 2 800 万人，占环渤海区域总人口的 13.8%。该地区年均气温 10.6℃，年均相对湿度为 67.7%，年均降水量为 580.0 mm，年均日照时数为 2 312.2 h（大连统计局，2007；唐山市统计局，2007；秦皇岛市统计局，2007；辽宁省统计局，2007）。目前，该区域海岸线全长约为 2 900 km，约占全国海岸线总长的 1/6（国家海洋局，2007）。该地区拥有五大海港——大连、丹东、营口、锦州、葫芦岛，是我国北方对外开放的窗口和前沿阵地。

作为中国沿海地区最发达的区域之一，该地区依托自身的能源和矿产优势，一直以来都是全国重要的工业基地和能源生产基地。据统计，2006 年环渤海北部区域拥有工业企业 8 000 余家，只占全国工业企业总数量的 2.8%，但是其工业总产值达到 1.9×10^8 万元，占全国工业总产值的 6.1%（国家统计局城市社会经济调查司，2007）。2006 年环渤海北部沿海地区原煤产量为 4.0×10^3 万 t，占全国原煤产量的 1.73%；原油产量为 1 372.2 万 t，天然气产量达 10.0 亿 m^3，发电量达 865.5 亿 kW·h，原盐生产量达 442 万 t（唐山市统计局，2007；秦皇岛市统计局，2007；辽宁省统计局，2007）。这些地区的经济保持着高速发展的势头，其中工业包括钢铁、机械、电子仪器、石油、石油化工、造船等行业，在环渤海北部地区高强度的工农业和交通活动中，大量燃用煤炭、石油、生物质等能源并由此带来了高密度的PAHs排放。

环渤海北部区域农业历史悠久，目前是我国重要的主要农产品生产基地之一。2006年该区域蔬菜产量为$2.9×10^7$t，占全国同年蔬菜总产量的5.25%（国家统计局城市社会经济调查司，2007）。水果产量为$1.0×10^8$t，占全国同年水果产量的5.1%；肉类产量为$8.7×10^7$t，占全国同年肉类产量的3.5%；奶类产量为$2.9×10^7$t，占全国同年奶类产量的8.3%；水产类产量为$5.2×10^7$t，占全国同年水产类产量的9.2%。20世纪60—80年代，有机氯农药是我国生产和使用的主要农药品种，当时我国除了艾氏剂、狄氏剂、异狄氏剂和灭蚁灵未生产之外，曾大量生产和使用过DDT、毒杀芬、六氯苯、氯丹和七氯5种POPs农药。1982年我国开始实施农药登记制度以后，已先后停止了氯丹、七氯、毒杀芬的生产和使用。目前仍保留DDT农药登记和六氯苯的生产，但已禁止或限制其作为农药使用。前者主要用于生产农药三氯杀螨醇的原料，一部分供出口；后者主要用于生产农药五氯酚和五氯酚钠。DDT农药因具有杀虫效率高、价格低廉等优点，曾在我国大规模的使用，总量达40t，占世界使用总量的33%。

2.2.2 天津滨海新区

天津滨海新区位于渤海湾顶端、海河流域下游、天津市中心区东部滨海地带（图2-3），地理坐标位于北纬38°40′~39°00′，东经117°20′~118°00′，包括塘沽区、汉沽区、大港区三个行政区和开发区、保税区、天津港以及东丽区、津南区的部分区域，规划面积2 270 km²（其中耕地338km²，居民及工矿用地817km²，水域875km²，待开发土地155km²），海岸线153km，人口152万人。滨海新区自然资源丰富，这里有大量开发成本低廉的荒地和滩涂，具有丰富的石油、天然气、原盐、地质、海洋资源等（如滨海新区的渤海、大港两大油田，蕴藏着丰富的油气资源，石油地质储量39亿t，天然气地质储量1 300亿m³，年产量近3 000万t），同时拥有雄厚的工业基础，是国内外公认的发展现代化工业的理想区域。近十年来，滨海新区作为开发区，经济快速增长，当地工业化和城市化程度迅速增加，目前已经形成电子通信、石油开采与加工、海洋化工、现代冶金、机械制造、生物制药、食品加工七大主导产业。滨海新区也有着一定的农业区，小麦、玉米、棉花、枣和葡萄是当地的主要农作物。

滨海新区内有三个化工区，从北到南依次为汉沽化工区、大沽化工区和大港采油区，化工区内有多个以煤为主要燃料源的大型化工企业，而且历史比较悠久，设备相对陈旧，尚缺乏减排PAHs的有效技术措施，如天津碱厂（1914年建立）、大沽化工厂（1939年建立）等依然在运营，这些都成为PAHs的潜在来源。已有研究也证实滨海新区PAHs污染已处于较高水平，大港采油区来自石油开采、炼制、加工、运输、使用等环节中的跑、冒、滴、漏和生产事故以及含油废水的排放等，其他工业生产过程中PAHs排放对整个区域目前的污染影响值得关注。

在滨海新区，曾经有两个中国最大的有机氯生产厂：大沽化工厂和天津化工厂。原大沽化工厂位于天津市塘沽区兴化道。大沽化工厂于1958年开始生产六六六。大沽化工厂在1958年建立了一套利用六六六无效体生产六氯苯的生产装置，生产能力为7 000 t/年，同时建立了五氯酚钠生产装置，生产能力为10 000 t/年。随着国内对五氯酚钠需求量不断扩大，该厂将六氯苯的能力扩大至12 000 t/年，1988—2003年该厂总共生产六氯苯79 278 t。天津化工厂位于天津市汉沽区新开南路，曾经是我国最大的六六六生产厂，并于1956年建成DDT生产装置，以后生产规模逐渐扩大，1990—2003年总共生产DDT 69 100 t。此外，滨海新区还曾经有一些生产六六六和三氯杀螨醇的小型企业。目前当地仍有一些未经处理的DDT、六六六和六氯苯存储点。这些有机氯农药厂对周围环境曾经造成过严重污染。由于有机氯POPs的残留性，农药厂对整个区域目前的污染影响值得进一步关注。

2.2.3　官厅水库地区

官厅水库截桑干河、洋河和妫水河的水流，是新中国成立后北京市修建的第一座大型水库，是北京市两个最重要的水源地之一，曾承担着北京市1/4人口的生活用水以及京西工农业用水，在首都经济发展中发挥着重要作用。但是，随着工农业的发展，来自上游大量的点源和非点源污染物使官厅库区水质受到严重污染，于1997年退出饮用水供水系统，但仍是北京重要的工业用水水源。为实现 2010 年前官厅水库恢复饮用水供水的目标，国家和地方围绕官厅水库地区生态环境的综合整治开展了大量的研究。

官厅水库位于北京市西北 100 km 左右的永定河上（图 2-3），横跨河北怀来县（4/5）和北京延庆县（1/5），是北京市重要的供水源地之一。流域内有洋河、桑干河、妫水河 3 条入库河流。库区总面积 920 km^2，其中 100 km^2 为水库面积，820 km^2 为周边土地面积。

官厅水库周边地区多为人工耕作植被，陡峭的山体仍有次生林灌木存在，农业利用植被主要有：果园、菜地和玉米、小麦、大豆等。水库东西两边（即靠近怀来县和延庆县）的农业利用强度较大，只有中部丘陵陡峭地区还有一定面积的灌木林地。由于天然植被破坏严重，自然生态严重失衡，从而形成了自然条件恶化、水土流失严重的局面。

根据对官厅水库的水质监测结果分析，目前水库水质已处于中营养向富营养过渡的阶段，水质达Ⅳ~Ⅴ类，不可作为饮用水用途。官厅水库污染源主要有：① 永定河上游水系的数十家造纸厂、化肥厂、酒厂等工业废水不达标排放及张家口、下花园和沙城等城镇生活污水的直接排放；② 官厅水库区域农田使用的农药和化肥随径流而流失，雨季土壤中残留的大量农药随径流进入库区水体。官厅水库流域非点源污染研究的范围主要包括北京市延庆县妫水河流域、门头沟区境内的永定河流域、河北省张家口境内的洋河流域和桑干河流域，总面积为 1.8 万 km^2，是官厅水库水质污染的主要影响区。

2.3 研究方法

2.3.1 样品采集与分析

2.3.1.1 样品采集

在滨海新区，以行政区边界内区域为研究区域。2006 年 10 月共采集105个0~20 cm表面土壤样品（塘沽39个，汉沽38个，大港28个；图2-4为样点示意图）和40个蔬菜样品。在大约100 m×100 m范围内采集5个表土样品组成一个混合土壤，同时记录样点周边环境信息并用GPS定位。在采样前，杂草以及其他杂物先被移除掉，然后用不锈钢锹采集土样。采样时整体上遵循均匀布点原则，但是在有机氯生产厂附近加大采样密度。研究区包括城市、工业区、盐田、湿地、荒地、滩涂、林地、农田、果园等多种土地类型。

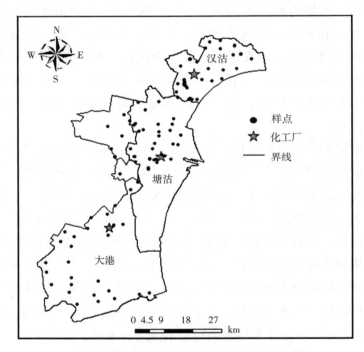

图 2-4　天津滨海新区土壤样品点位分布示意图
Fig. 2-4　Sampling sites in Tianjin Binhai New Area (BHNA)

在北京官厅水库，将距离库区2~10 km的周边范围划为研究区域（115.43°E，40.19°N至115.97°E，40.50°N），面积约为920 km²，包括100 km²水体和820 km²的陆地面积。2007年5月在研究区域采集了58个0~20 cm的表层土壤（图2-5）。该区域内土地利用类型以果园、农田和灌木林地为主，农田大量种植的是玉米，并有少量面积的白菜地。

在环渤海北部地区，根据滦河、辽河、大清河、五里河、双台子

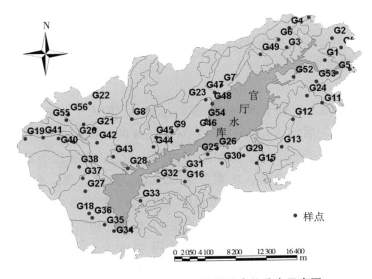

图 2-5 官厅水库周边土壤样品点位分布示意图

Fig. 2-5 Sampling sites in Guanting Reservoir（GTR）

河、鸭绿江等几条入海河流及周边土地利用类型，将距渤海 100 km 以内的主要入海河流下游和入海口划为研究区域，面积约为 29 万 km²。2008 年 5 月在研究区域采集了周边 31 个土壤表层样品（图 2-6）。该区域内土地利用类型以农田和灌木林地为主，农田大量种植的是玉米，并有少量面积的蔬菜地。

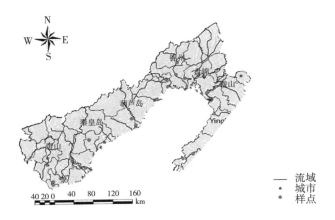

图 2-6 环渤海北部地区土壤样品点位分布示意图

Fig. 2-6 Sampling sites in North Bohai Bay

2.3.1.2　样品分析

2.3.1.2.1　样品中有机氯分析方法

◆ 提取与净化

土壤

精确称取 2 g 土样于 50 ml 具塞离心管中，加入 1 g 左右的无水硫酸钠，混合均匀后加入 0.5 ml 的 0.08 μg/ml 的四氯间二甲苯（2，4，5，6-tetrachloro-m-xylene，TCMX），再加入 30 ml 体积比为 1∶1 的正己烷和二氯甲烷的混合液，加塞振荡 60 min，静置过夜，次日继续振荡 60 min 后，置入超声波振荡槽提取 120 min，然后 3 000 r/min 离心 15 min 分离提取液，转移到梨形瓶后在 40 ℃下旋转蒸发浓缩至<2 ml，使用弗罗里硅土固相萃取小柱净化，并用 99.99% 的 N_2 吹扫，定容至 0.5 ml 备用。

具体的净化过程为：在 1 g/6 ml 弗罗里硅土 SPE 柱中先装 1 g 硅胶，再装 1 g 无水硫酸钠，用 10 ml 正己烷活化。先将 2 ml 浓缩液加入 SPE 柱中，静置 10 min，保证样品与净化柱充分接触交换，最后用 20 ml 的正己烷和二氯甲烷的混合液（体积比 7∶3）洗脱。

蔬菜

取不少于 1 000 g 蔬菜样品，取可食部分，用干净纱布轻轻擦去样品表面的附着物，采用对角线分割法，取对角部分，将其切碎，充分混匀放入食品加工器粉碎，制成待测样，放入分装容器中备用。准确称取 25.0 g 试料放入匀浆机中，加入 50.0 ml 乙腈，在匀浆机中高速匀浆 2 min 后用滤纸过滤，滤液收集到装有 5~7 g 氯化钠的 100 ml 具塞量筒中，收集滤液 40~50 ml，盖上塞子，剧烈振荡 1 min，在室温下静止 10 min，使乙腈相和水相分层。从 100 ml 具塞量筒中吸取 10.0 ml 乙腈溶液，放入 150 ml 烧杯中，将烧杯放在 80 ℃水浴锅上加热，杯内缓缓通入氮气或空气流，蒸发近干，加入 2.0 ml 正己烷，盖上铝箔待检测。

具体的净化过程为：将弗罗里矽柱 FlorisilR 依次用 5.0 ml 丙酮+正己烷（1∶9）预淋条件化，当溶剂液面到达柱吸附层表面时，立即倒入样品溶液，用 15 ml 刻度离心管接收洗脱液，用 5.0 ml 丙酮+正己烷（1∶9）涮洗烧杯后淋洗弗罗里矽柱，并重复一次。将盛有淋洗液的离心管置于氮吹仪上，在水浴温度 50 ℃条件下，氮吹蒸发至小于

5 ml，用正己烷准确定容至 5.0 ml，在旋涡混合器上混匀，移入 2 ml 自动进样器样品瓶中，待测（过 0.45 μm 滤膜）。

◆ 标样与测定

α-HCH、β-HCH、γ-HCH、δ-HCH 四种异构体和 p,p'-DDE、p,p'-DDD、o,p'-DDT、p,p'-DDT 以及 HCB 的标准溶剂购自国家标准物质中心，用异辛烷稀释至合适的浓度配置成 200 ng/ml 的 13 种标准样品的混合液，并用异辛烷稀释成 0、40、80、120、160 和 200 ng/ml 的六个浓度梯度的标准系列。

农药 POPs 测定采用 HP6890 GC-uECD 气相色谱仪，检测器为 ^{63}Ni 微电子捕获检测器，色谱柱为 HP-5 石英毛细管柱（30 m×0.32 mm×0.25 μm）。进样口温度为 220 ℃，检测器温度为 300 ℃，柱升温程序如下：初始温度为 100 ℃，保持 2 min 后以 10 ℃/min 升至 160 ℃，保持 2 min，以 4 ℃/min 升至 230 ℃，保持 5 min，最后以 10 ℃/min 升至 320 ℃，保持 2 min。采用不分流进样，进样量 1 μL，以 99.99% 的高纯氮为载气，外标法定量。

在信噪比为 3：1 时，HCH 和 DDT 各异构体以及 HCB 的最低检测限为 0.05~0.24 ng/g。在上述选定的毛细管柱和色谱条件下，8 种化合物得到了较好的分离，出峰顺序依次为 α-HCH、β-HCH、γ-HCH、δ-HCH、p,p'-DDE、p,p'-DDD、o,p'-DDT、p,p'-DDT，有机氯农药标准品的色谱峰见图 2-7。

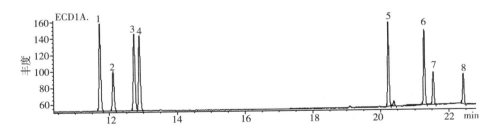

图 2-7 有机氯农药的标准色谱图

Fig. 2-7 Standard chromatogram of organochlorine pesticide

◆ 质量保证与质量控制

参考美国 EPA 的标准方法，进行空白和基质加标等 QA/QC 试验措施：①质量控制样品：试剂空白，操作空白，空白加标样，基质加标样（每 16 个样品中有一组质量控制样品的测试）；②目标化合物的回收率、检测限；③每个测定样品中加入回收率指示物；④每个样品的分析重复两次。

选择一个未检测出有机氯的土样，300 ℃条件下烘干 15 h，彻底去除有机质等挥发性物质，用作空白土样。以其为基质，测定方法的基质加标回收率参数。结果表明，土样中有机氯回收率为 78.1%～93.0%，重复样品的相对标准偏差小于 20%，回收率指示物 TCMX 的萃取效率为 75%±10%。

土壤有机碳和氮采用五元素分析仪（德国 ElementlarⅢ 公司生产）；pH 值采用酸度计测定，无 CO_2 水浸提，土：水为 1∶2.5。

◆ 主要仪器

KQ5200 超声波发生仪；离心机；真空泵 SHZ-Ⅲ；HY-2 恒温振荡器；电热恒温干燥箱；RE52CS2 型旋转蒸发仪；B260 电子恒温水浴锅；高精度电子天平；弗罗里硅土 SPE 小柱；气相色谱仪：HP6890 GC-uECD 气相色谱仪，63Ni 微电子捕获检测器；氮吹仪；Delta320-s pH 计；五元素分析仪：德国 ElementlarⅢ（CHNOS）。

专用玻璃仪器：梨形瓶、50 ml 具塞玻璃离心管（或 100 ml）。

常规玻璃仪器及其他用品：量筒；烧杯；移液管；药勺；漏斗；脱脂棉球等。

所有玻璃仪器都用 10% 的稀硝酸浸泡过夜，然后分别用自来水、蒸馏水冲洗干净，烘干或者自然风干。

◆ 主要试剂

二氯甲烷，农残级（Dikma 公司）；

正己烷，农残级（Dikma 公司）；

无水硫酸钠，优级纯，高温 180 ℃烘干 12 h，去除水分；

DDT、HCH 的 8 种异构体混标（国家标准物质中心）；

HCB 标准样品（国家标准物质中心）；

硅胶 180 ℃活化 12 h。

2.3.1.2.2 样品中 PAHs 分析方法

◆ 提取和净化

土壤

称取约 5 g（精确到 0.0001 g）土壤放入蛇形索氏提取器中，加入 10 片左右铜片（1 cm²），同时加入回收率指示物氘代菲，然后添加 210 ml 二氯甲烷，放在水浴锅中，水浴锅温度控制在 57~59 ℃，回流速度控制在 5~6 次/h，连续抽提 48 h。在提取结束后，将蛇形管中的溶剂尽量完整地导入平底烧瓶中，作好编号。将提取液在旋转蒸发仪上（旋转过程中注意蒸发速度，温度 39 ℃，真空度 500 Pa）浓缩至约 2 ml，使用 10 ml 正己烷定量转移到 50 ml 鸡心瓶中，再次浓缩至 1 ml，完成溶剂替换。

蔬菜

称取约 5 g（精确到 0.0001 g）蔬菜放入蛇形索氏提取器中，加入 10 片左右铜片（1 cm²），同时加入回收率指示物氘代菲，然后添加 210 ml 二氯甲烷：丙酮（1∶1）（崔艳红等，2003），放在水浴锅中，水浴锅温度控制在 67~69 ℃，回流速度控制在 5~6 次/h，连续抽提 48 h。在提取结束后，将蛇形管中的溶剂尽量完整的导入平底烧瓶中，做好编号。将提取液在旋转蒸发仪上（旋转过程中注意蒸发速度，温度 39 ℃，真空度 500 Pa）浓缩至约 2 ml，使用 10 ml 正己烷定量转移到 50 ml 鸡心瓶中，再次浓缩至 1 ml，完成溶剂替换。

净化过程为：将 1 ml 待净化浓缩样品用滴管移入硅胶净化柱（SUPELCO）中，浸泡 5 min 以上，保证样品与净化柱充分接触交换。用 15 ml 正己烷分三次清洗鸡心瓶，进一步以 5 ml 正己烷/二氯甲烷（7∶3，v/v）混合液淋洗硅胶净化柱，洗脱液用 50 ml K.D 球收集。用柔和的氮气吹蒸定容至 0.5 ml，加入内标（六甲基苯），作为仪器分析待测样。待测液定容后转移至 GC 自动进样用的样品瓶中，用压盖器密封后存放于冰箱（4 ℃）中待测。

◆ **标样和测定**

测试项目：EPA 规定的 16 种 PAHs，样品中 PAHs 参考 EPA3550，8270 中的方法，采用 GC-MS（气相色谱—质谱联用仪 HP6890GC-5973MSD）完成样品分析。HP-5MS 石英毛细管色谱柱（0.25 mm×60 m×0.25 μm），He 为载气，流速恒定为 1 ml/min，线速度 26 cm/s；进样口 300 ℃，MSD 300 ℃，电子能量 70eV；SIM 模式下程序升温：

始温 50 ℃保留 2 min，20 ℃/min 升至 200 ℃保留 2 min，5 ℃/min 升至 240 ℃保留 2 min，3 ℃/min 升至 290 ℃保留 15 min；无分流进样 1 μl。

在信噪比为 3：1 时，PAHs 的最低检测限为 0.06~0.15 ng/g，DDT 代谢物的最低检测限为 0.07~0.19 ng/g。在上述选定的毛细管柱和色谱条件下，16 种化合物得到了较好的分离，出峰顺序如图 2-8 所示。

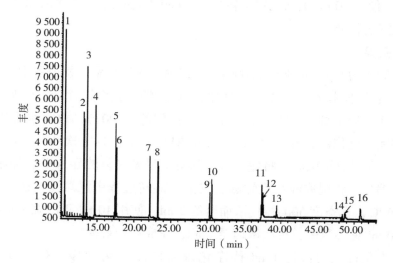

图 2-8 16 种多环芳烃混标的总离子流色谱图（SIM 模式）

Fig. 2-8 The total ion chromatogram of mixed standard of 16 kinds of Polycyclic Aromatic Hydrocarbons（SIM mode）

定性与定量：通过检索 NIST 质谱谱库和色谱峰保留时间进行定性分析，并采用外标峰面积法、6 点校正曲线定量。

◆质量保证与控制（QA/QC）体系

仪器检测限（IDL）：测定空白样品（$n=6$）的 5 倍最小噪声（noise），仪器检测限（IDL）等于 3.36 乘以 5 倍最小噪声的标准偏差（$n=6$），验证仪器状态。

方法检测限（MDL）：基质加标样（$n=6$）测定，根据 USEPA 方法检测限测定公式计算出本试验流程（方法）对各种目标化合物的检测限，判断本实验方法对实际样品中目标化合物检测数据的可信度。

校正曲线：内标（I.S）定量法，多点校正（$n=6$），要求 RRF 的 RSD%<25%。

工作曲线：用新配制的标样，测定值与已知值（校正曲线）<20%。

整个分析过程采用方法空白、基质加标、样品平行样等监控，并用回收率指示物监测样品的制备和基质的影响。重复样（每20个测试样品同时完成一组质量控制样品的测试）。分析方法的检测限在 0.0032~0.0063 ng/g，回收率在 58.7%±7.4% 和 96.3%±5.8% 之间。方法空白中无待测物检出，指示物氘代菲的回收率为 79.42%±9.78%。所用有机试剂均为农残级；PAHs 分析用标准物质：USEPA 规定的 16 种优控 PAHs 混合标样（美国 SUPELCO）；所用玻璃仪器均用 10% 的稀硝酸和重铬酸钾洗液浸泡，洗净并在烘箱中 110 ℃ 烘干。

2.3.2 问卷调查

依据滨海新区内土壤中 POPs 残留水平和空间分布状况，在整个区域内选取 23 个点位发放统一设计的"滨海新区环境健康调查问卷"742 份，并全部收回。

2.3.2.1 调查目的与方法

问卷调查的主要目的是为了了解滨海新区居民周边污染源、土壤中污染物的浓度及饮食对健康的影响。调查数据一方面用来做污染源、污染物浓度与居民健康状况的相关性分析，另一方面用来估算居民通过蔬菜对污染物的暴露。为降低居民健康风险、进行风险管理提供依据。

问卷调查作为一种有用的社会调查的数据收集手段，获得的数据和医院的资料同样可以作为健康数据的获取途径，且同样可信（Husain et al., 2006; Scazufca et al., 2009）。在本项研究中，我们采用了实地调查、居民访谈、问卷调查等方法。问卷调查过程中，在每个调查点位随机确定受访个体，每个点位走访 3 个街区以上，采集到 25~35 人的信息，以确保覆盖了整个区域。受访居民在得知我们在进行一项匿名的科学研究后，被访问过程中能够积极主动地配合，并保证提供的数据真实、准确。

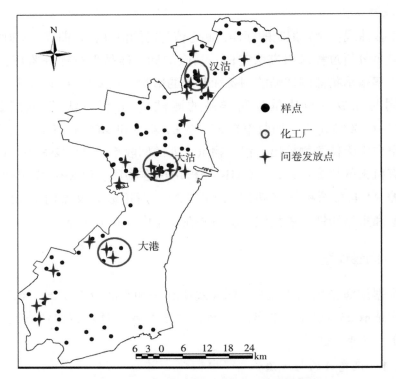

图 2-9 滨海新区问卷调查发放点位示意图
Fig. 2-9 Questionnaire investigation sites in BHNA

2.3.2.2 调查问卷的结构与内容

按照设计的目的，在登记居民的基本统计信息，诸如性别、年龄、地区、学历、本地居住时间等因素的同时，调查居民周边污染源信息和饮食结构等相关行为。该问卷主要分为3个方面，图2-10显示了问卷内容和结构（附录一）：

（1）居民居住地和工作场所的污染源分布状况。污染源包括POPs可能来源：化工厂、冶炼厂、电厂、垃圾处理厂和三废排放等。

（2）居民的健康状况，包括目标疾病和常见疾病。目标疾病包括流行病学研究中已报道的作为POPs直接暴露影响所致的癌症，包括皮肤癌、肺癌、胃癌、乳腺癌、子宫肌瘤、前列腺癌和阴囊癌

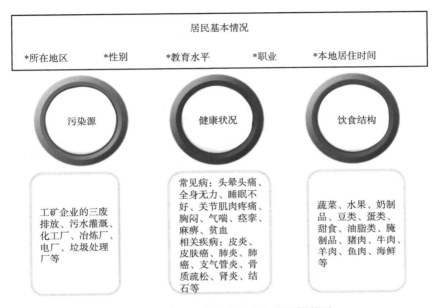

图 2-10 调查问卷的主要内容及逻辑关系

Fig. 2-10 Main contents and structure of the questionnaire

(Gerber et al., 1995; Jane et al., 2000; Mumford et al., 1995; Wang, 2000),以及它们可能的前期症状,包括皮炎、肺炎和肠胃炎。关于可能的前期症状需要解释的是在前期调研中发现皮炎是滨海新区很常见的一种疾病,尤其对于居住在化工区的居民来讲,考虑到 POPs 可能引发皮肤癌,皮炎是皮肤癌的前期症状之一,所以把它作为一个可能的前期症状。上述的目标疾病被选作居民经过长期暴露 POPs 后对健康影响的指示因子。

常见疾病则包括头晕头痛、全身无力、睡眠不好、关节肌肉疼痛、胸闷、气喘和贫血等,反映居民的基本健康状况。

(3) 生活习惯和饮食结构信息。生活习惯包括抽烟频次、体育锻炼频次和在室外停留时长等。

饮食结构信息包括食用新鲜蔬菜、谷物、肉类(海鲜、猪、牛、羊、鱼、虾等)、水果、奶、蛋的频次及是否为本地产品等。

2.3.2.3 调查实施与质量控制

问卷设计的目标人群是在当地居住超过 5 年的居民,问卷调查的技术路线见图 2-11。设计好问卷之后，首先在滨海新区随机选择 10 个居民进行预调查，然后对问卷中问题的表达和问题的前后衔接顺序进行修正，使问卷适合居民的文化程度，更加易于理解，并娴熟地采用他们的交流方式和他们交流。

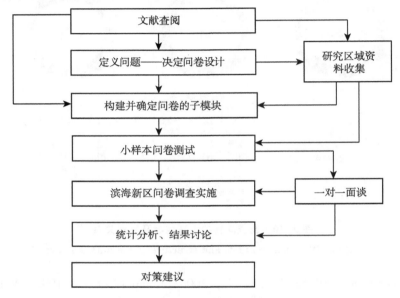

图 2-11 问卷调查技术路线

Fig. 2-11 Diagram for social survey

问卷调查的实施是一个非常关键的步骤，如果样本取样不合理，或者目标人群不配合，将会直接影响到结果的准确性和说服力。因此在本次调查的实施过程中，尝试了与当地学校老师、居委会、村委会和出租车司机等合作的方式，均受挫，前三者均要求提供上级批文，否则不与合作，核心是担心调查结果对整个滨海新区欣欣向荣的发展有不良影响，出租车司机则是因为城区太小，乘客们还没有填写完毕就要下车，信息不完全，则为无效问卷。最终确定了到街上、公园、村民聚居点、职工宿舍等地进行面访的一对一调查方式，根据每个点位的不同情况确定调查方式。受访对象开始时普遍带有抵触、怀疑情绪，需要先打消他们的顾虑，然后再进入正题。在接纳调查之后，访谈则进行得非常顺利，获得的信息也比较全面。农村绝大部分人不识字，需要我们读给他们听。这样保证了问卷的可靠性和回收率。

问卷调查中的质量控制遵循如下原则（王英，2003；李莹等，2006）：第一是客观控制原则。即对调查质量的衡量与评价应当是客观的，不能人为地降低标准或作过高的要求。第二是全面控制原则。在调查的每一过程、每一环节、每一区域、每一人员都要进行质量控制。第三是超前控制原则。即要求调查人员根据事实和经验对出现的误差加以预防控制。第四是相关问题处理控制原则。

2.3.2.4 数据处理方法

在实际统计工作中，要处理的数据既有定量的，也有定性的。对于定性的数据，一般来说，无法计算它的均值或中位数，只能计算其频数或频率（邓正林和姚圣虎，2002）。问卷分析的资料限于多个分类的定性变量，并且它们都不是有序的。采用定性资料关联性的卡方检验、关联性的度量、相对风险分析以及 Logistic 回归分析（章文波和陈红艳，2006；陈雪东，2002），针对居民的健康状况，对附近存在不同污染源、不同地区、不同生活、饮食习惯等分类间是否有差异，及是否有关联问题进行初步的探讨。

2.3.3 非负约束因子分析（FA-NNC）

因子分析是使用较为普遍的一种来源解析方法，在 POPs 的源解析中应用较多。最早是由 Pearson 和 Spearman 提出，首先被用于心理学的研究，后来逐渐被引入自然科学领域。因子分析是一种多元统计的数学方法，用其可以解析数据集合，压缩数据维数，分析多个变量之间的关系，其目的在于对大量观测数据进行分析，使用较少的有代表性的因子来说明众多变量的主要信息。

因子分析模型假设某一样品某种污染物的浓度（Lu et al., 2008）可以认为是各种源的贡献（D_{xk}）的线性加和，即有下式：

$$D_x = D_{x1} + D_{x2} + \cdots + D_{xk}(k = 1, 2\cdots, n)$$

同时每种源的贡献又可以写成因子载荷和因子得分的乘积，即有：

$$D_{xk} = C_{xk} \cdot R_k$$

则对所有 r 个样品和 m 种化合物：

$$D_{ij} = \sum_{k=1}^{m} C_{xk} \cdot R_k (i = 1, 2\cdots, m; j = 1, 2\cdots, r)$$

写成矩阵形式即为：

$$D = C \cdot R$$

D 是 $m \times r$ 阶原始数据矩阵；C 是 $m \times n$ 阶源组成矩阵；R 是 $n \times r$ 阶源贡献矩阵。因子分析方法就是要由原始数据矩阵 D，找出合理的 n 值，求出矩阵 C 和 R，得出 n 个源的相对贡献率。

非负约束因子分析模型是在因子分析模型的基础上，针对其存在的不足进行的改进。普通的因子分析中，因子载荷和因子得分常常会出现负值，而且由于因子载荷通常使用方差最大正交旋转法，得到的各个因子是互相正交。但在实际情况中，各个污染源之间不可能是完全正交的，污染源的组成也不可能出现负值。而 FA-NNC 限制所得到的因子载荷和因子得分为正数（Li et al.，2003），并且由于使用非负约束的因子旋转方法，各个因子之间不再是完全正交的，所以使得 FA-NNC 得到的结果更加符合实际情况，结果更易于解释。

FA-NNC 的基本方程式：

$$D = C \cdot R \qquad \text{式（1）}$$
$$(m \times r) = (m \times n) \cdot (n \times r)$$

其中，D 是标准化后的数据矩阵；C 是因子载荷矩阵，代表源的指纹谱；R 是因子得分矩阵，代表源的贡献值。m、n 和 r 分别代表化合物、源和样品的个数。

进行因子分析的目的不仅是找出公因子，更重要的是要弄清楚各公因子所代表的具体物理意义。在实际环境问题中，各种污染物的来源以及成分分布都是互相独立的，并且因子载荷和因子得分都不可能是负值，因为负值在这里没有具体的含义。因此，需要在因子分析中进行非负约束的斜交旋转，这样才可以使得到的结果具有明确的物理意义和可解释性。

下面是非负约束斜交旋转的具体过程，本研究中基于 Matlab 7.1 完成，具体见附录 2。

由式（1）可得 $D = C \cdot T^{-1} \cdot T \cdot R$

其中，T 是基于因子得分的变换矩阵，T^{-1} 为其逆矩阵。

$$T = (\hat{R} \cdot R')(R \cdot R')^{-1} \qquad \text{式（2）}$$

$\hat{R}$ 为负值被 0 替换的因子得分矩阵。

因子载荷和因子矩阵分别按下式进行旋转：

$$R^* = T \cdot R$$
$$C^* = C \cdot T^{-1}$$

R^* 和 C^* 是基于变换矩阵 T 旋转后的因子得分和因子载荷矩阵。

与式（2）同理，可得基于因子载荷的变换矩阵 S：

$$S = (C^{*\prime} \cdot C^*)^{-1} \cdot (C^{*\prime} \cdot \hat{C}^*)^{-1}$$

其中，$\hat{C}^*$ 是负值被替代的因子载荷矩阵。于是，C^* 和 R^* 被进一步旋转：

$$C^{**} = C^* \cdot S$$
$$R^{**} = S^{-1} \cdot R^*$$

其中，C^{**} 和 R^{**} 分别是基于变换矩阵 S 旋转后得到的因子和因子载荷矩阵。

这样，完成了一次包含四步斜交旋转的非负约束迭代过程。进行多次迭代后，直到因子载荷矩阵中负值的平方小于 0.0001，停止迭代。

环渤海地区土壤中POPs残留分析

3 环渤海地区土壤中 POPs 残留分析

POPs 不易被降解，容易在土壤中累积，使土壤成为 POPs 的汇（Gong et al.，2003；Wang et al.，2002）。同时由于地表径流冲刷引起水土流失，使得表层含有 POPs 的部分土壤颗粒进入水环境，汇集到沉积物中，这时土壤又成为水环境中 POPs 的源，所以表层土壤终点 POPs 既是源，又是汇。作者曾根据天津地区的实际环境参数，运用 Level Ⅲ 逸度模型预测了该区域苯并（a）芘的气、水、土和沉积物多介质相间的浓度分布、迁移通量和累积趋势，模型估测结果与同期实测浓度吻合较好，验证了模型的可靠性，结果表明：在气、水、土和沉积相中的浓度分别为：$1.96\times10^{-10}\,mol/m^3$、$3.26\times10^{-6}\,mol/m^3$、$1.34\times10^{-3}\,mol/m^3$ 和 $7.74\times10^{-3}\,mol/m^3$；土壤和沉积物是其最大的储库，其中土壤中的残留占总残留量的 65.36%。

土壤中的 POPs 可以通过接触进入人体，直接影响人体健康，或是在一定条件下进入大气和生物等其他环境介质，间接影响人体健康。了解并掌握土壤中 POPs 的残留状况，有助于量化 POPs 对不同受体的暴露程度及健康风险的空间格局，也有助于为健康风险管理提供定量依据和数据支持，为实施土壤环境的无害化管理和履行斯德哥尔摩公约提供参考。本章基于作者课题组对环渤海北部地区、滨海新区和官厅水库土壤的布点采样检测结果[①]，重点分析了三个地区 PAHs，DDTs 和 HCHs 的表层残留状况，对比国内其他区域的文献报道值判定其相对污染水平，并借助于模糊数学综合评价方法对 POPs 污染进行了探讨。

---

① 本部分工作由作者课题组成员焦文涛、汪光、胡文友以及来自沈阳农业大学的本课题组客座研究生金广远共同完成。

3.1 环渤海地区土壤中 POPs 残留水平

三个区域土壤中 PAHs、DDTs 和 HCHs 的变量统计量见表 3-1，累积百分率分布见图 3-1，经 Kolmogorov-Smirnow 正态分布检验，PAHs、DDTs 和 HCHs 含量数据呈偏态分布。对结果的详细分析如下。

3.1.1 环渤海北部地区

环渤海北部地区土壤中 16 种 PAHs 的检出率为 100%，总含量（$\Sigma 16 PAHs$）的算术平均值为 309.5 ng/g，最低浓度为 66.3 ng/g（TS4），位于唐山地区的农业区，周边无工厂等点源的存在，主要受农业活动的影响；最高浓度为 920.4 ng/g（DL6，大连），采样于大连庄河市郊，其次为 822.5 ng/g（DD3，丹东）和 802.1 ng/g（HL5，葫芦岛），这些点位的共同特点是周边有冒着黑烟的工厂存在或是在城

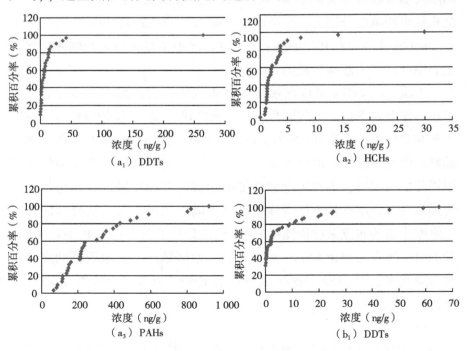

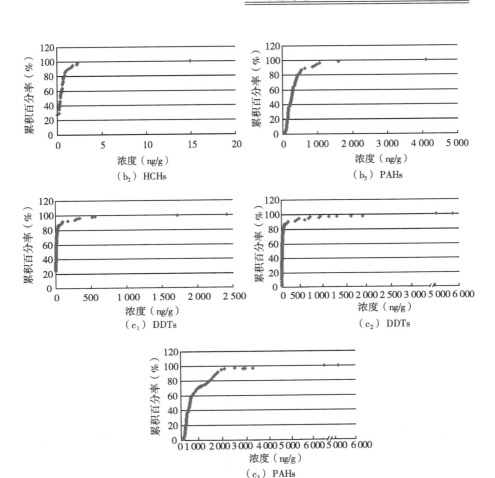

图 3-1 总 DDT、总 HCH 和 PAHs 浓度的累积百分率分布图
(a 代表环渤海北部地区，b 代表官厅水库，c 代表滨海新区)

Fig. 3-1 The cumulative percentage of the concentrations distribution of the total DDT, HCH and PAHs (a: North Bohai Bay; b: Guanting Reservoir; c: BHNA)

市的边缘，表明人类活动已经对环境介质中 PAHs 的含量产生明显的影响。其余多数样点 PAHs 含量在 400.0 ng/g 以下。一般说来，由于相对发达的工业、交通和相对集中燃煤采暖，城市和工业区及其周边区域土壤中的 PAH 污染水平高于山区、远郊区和农业用地（宋雪英等，2008；焦文涛，2009）。

表 3-1 PAHs、DDTs 和 HCHs 变量的统计值

Table 3-1 Statistics of concentrations of PAHs, DDTs and HCHs in study areas （ng/g）

	环渤海北部地区			官厅水库			滨海新区		
	DDTs	HCHs	PAHs	DDTs	HCHs	PAHs	DDTs	HCHs	PAHs
最小值	—	—	66.26	—	—	67.96	—	—	68.7
最大值	264.54	29.9	920.44	64.91	14.97	4 109.89	2 420	51 300	48 700
中位数	5.53	1.93	224.7	0.59	0.36	263.43	5.3	36	553
未检出率	9.7%	3.2%	0%	30.9%	27.3%	0%	24.8%	2.9%	0%

从分析结果（表 3-1）看，所采土壤中总 DDT 的含量变化范围是 0~264.54 ng/g，中位数为 5.53 ng/g；总 HCHs 的含量变化范围是 0~29.9 ng/g，中位数为 1.93 ng/g。相对来说，DDT 的污染较 HCH 相比要严重些。

为了进一步对数据进行挖掘，对总 PAHs、DDTs 和 HCHs 含量的频数分布进行统计，结果详见图 3-1。从图 3-1 中总 PAHs 的累积分布曲线来看，样点浓度比较均匀的分布在 66.3~920.4 ng/g；从图 3-1 中总 DDTs 的累积分布曲线来看，除了一个样点（HL4，264.5 ng/g）浓度偏高外，其他样点的总 DDTs 浓度比较集中的分布在 0~42.0 ng/g，其中 3.2% 的样点中未检出 DDT；从图 3-1 中总 DDTs 的累积分布曲线来看，除了两个样点（TS 7，14.2 ng/g；YK 2，29.9 ng/g），其余样点浓度比较集中分布在 0~7.4 ng/g。

3.1.2 天津滨海新区

滨海新区样品中总 PAHs（EPA 优控的 16 种 PAH）检出率为 100%，浓度范围变化很大，为 68.7~48 700 ng/g（dr. w），平均浓度为 1 225 ng/g，标准差为 813 ng/g。最高值分布在天津港附近，远远高于该区域其他点位的值。

从分析结果（表 3-1）看，所采土壤中总 DDTs 的检出率为 75.2%，含量变化范围是 0~2 420 ng/g，中位数为 5.3 ng/g；总 HCHs 的检出率为 97.1%，含量变化范围是 0~51 300 ng/g，中位数

为 36 ng/g。总体上说，区域内总 DDTs 和总 HCHs 的浓度值变异范围很大。

从总 PAHs 的累积分布曲线看（图 3-1），93.3% 的点位浓度集中分布在 62.8~2 000 ng/g 范围之内，存在 6.7% 的高值点，最高值为 48 700 ng/g 分布在天津港附近。类似的频数分布同样存在于总 DDTs 和 HCHs 的含量频数分布中，对总 DDTs 而言，91.4% 的点位浓度集中分布在 0~98.4 ng/g 范围之内，6.7% 的高值点位浓度集中分布在 98.4~555.3 ng/g 范围之内，存在 2 个最高值点（TS-67，1 722.7 ng/g；TS-68-1），最高值浓度达 2 416.9 ng/g。对于总 HCHs 而言，88.6% 的点位浓度集中分布在 0~480.1 ng/g 范围之内，10.4% 的相对高值点位浓度零散地分布在 480.1~3 271.9 ng/g 范围之内，一个最高值点位（HS-13），浓度值高达 51 299.2 ng/g。

3.1.3 官厅水库地区

官厅水库地区样品中总 PAHs（EPA 优控的 16 种 PAH）检出率为 100%，浓度范围为 68.0~4 109.9 ng/g（DW），平均浓度为 402.4 ng/g。最高值分布在怀来工业区。

所采土壤中总 DDTs 的检出率为 69.1%，浓度范围为 0~64.91 ng/g，平均浓度为 6.77 ng/g，中位数为 0.59 ng/g。总 HCHs 的检出率为 72.7%，浓度范围为 0~14.97 ng/g，平均浓度为 0.77 ng/g，中位数为 0.36 ng/g。整体上来讲，样点中 DDTs 和 HCHs 的残留很低。

从总 PAHs 的累积分布曲线（图 3-1）来看，94.5% 的点位浓度集中分布在 98.0~1 000 ng/g 范围之内，存在 5.5% 的高值点，浓度值分布为 1 067 ng/g、1 612.3 ng/g 和 4 109.9 ng/g。同样分析总 DDTs 和 HCHs 的含量频数分布图，对总 DDTs 而言，94.5% 的点位浓度集中分布在 0~25.5 ng/g 范围之内，其余点位零散分布于 25.5~64.9 ng/g。对于总 HCHs 而言，除点位 GTR-51 浓度值为 15.0 ng/g 外，其余所有点位集中分布于 0~2.3 ng/g。

3.2 环渤海地区土壤 POPs 相对污染

3.2.1 中国土壤 POPs 残留水平

自 20 世纪 80 年代起，国内学者对土壤中的 PAHs、DDTs 和 HCHs 污染陆续进行了大量的现场调查研究，结果表明，在我国土壤中美国环保局（USEPA）规定的 16 种优先控制 PAHs 都有不同程度的检出，且检出率非常高（Cai et al., 2008）。国际上目前尚无土壤 PAHs 的统一治理标准，我国只规定农用污泥中的最高允许含量为 3 mg/kg（GB 4284—84），荷兰制定的 PAHs 土壤恢复标准只涉及 16 种多环芳烃中的 10 种：Nap、Phe、Ant、Fla、Chr、Baa、Bap、Bkf、Bgp、Ilp。本研究采用 Maliszewska-Kordybach（1996）提出的总量标准（Maliszewska-Kordybach，1996），该标准广泛用于辨别欧洲土壤是否被污染，也可以据此估算人群的暴露水平。它根据 PAHs 浓度将土壤分为四个级别：清洁（<200 ng/g）、轻度污染（200~600 ng/g）、中度污染（600~1 000 ng/g）和重污染（>1 000 ng/g）。

参照荷兰 Maliszewska-Kordybach 建议的土壤中 PAHs 污染程度的分类标准，我国东部沿海及北方的部分地区土壤中 PAHs 属于严重污染水平，如北京、天津、上海、辽宁等地土壤中的 PAHs 平均含量达 1 000 ng/g 以上（Li X et al., 2006；Suarez et al., 2005；宋雪英等，2008；李静等，2008；孙小静等，2008a）；江苏部分地区土壤中的 PAHs 污染属于中等污染水平，平均含量范围为 162.5~801.1 ng/g（姜永海等，2009；葛晓立等，2008）；山东、河北、浙江、珠江三角洲、贵州、福州等地土壤的 PAHs 平均含量均低于 600 ng/g，属于轻度污染水平（廖义军，2009；芦敏等，2008；马瑾等，2008）；中国香港、新疆和西藏等地土壤中 PAHs 平均含量低于 200 ng/g（章海波等，2005；孙娜等，2007），属于无污染水平。总体而言，PAHs 的平均含量范围为 3.98~56 883 ng/g（姜永海等，2009），从无污染到严重污染横跨了 4 个污染水平，并且 PAHs 土壤污染水平主要集中在中低污染水平,但污染程度呈不断增加的趋势。

中国作为一个农业大国,有机氯农药(OCPs)曾是我国生产和使用的主要农药品种,作为研究对象的 DDT 和 HCH 是中国历史上生产量最大的两种有机氯农药。1983 年,我国已禁止或限制其作为农药使用,仍保留 DDT 用于生产农药三氯杀螨醇的原料,一部分供出口。

文献报道值中,我国土壤中 DDTs 和 HCHs 的浓度范围分别为 0~2 910 ng/g 和 0~131 ng/g,平均值分别为(60±80)ng/g 和(8.7±7.2)ng/g(Cai et al.,2008),比较接近于德国(DDTs,72 ng/g;HCHs 7.5 ng/g)(Manz et al.,2001)和罗马尼亚(DDTs,537 ng/g;HCHs 16 ng/g)(Covaci et al.,2001)的土壤残留水平。国内大部分文献报道中,同一点位 DDTs 的浓度高于 HCHs 的浓度。

国家土壤标准(GB 15618—1995)中规定 50 ng/g、500 ng/g 和 1 000 ng/g 分别对应一级、二级和三级标准。天津(56 ng/g)(Gong et al.,2004)、北京(110 ng/g)(Li et al.,2008)、南京(164 ng/g)(An et al.,2005)、江苏南部(163 ng/g)(An et al.,2004)、广州(90 ng/g)(马骁轩和冉勇,2009)等地土壤中 DDTs 超过了国家一级标准(50 ng/g)。所有已检测土壤中 HCHs 均低于国家一级标准(50 ng/g)(Gong et al.,2003)。对 1981 年天津地区各区县 HCHs 土壤残留量与 2001 年的实测数据进行比较发现,与 20 年前相比,天津地区土壤中 HCHs 的残留量有明显的减少,12 个区县土壤中 HCHs 的平均残留比为 16%(龚钟明等,2003b)。对各个区域之间进行比较分析,就土壤中 DDTs 的平均浓度而言,东部地区大概是南部地区的 14 倍,是西南部地区的 5 倍。对于土壤中 HCHs 的平均浓度,南部和西南部地区分别是北部地区的 4 倍和 2 倍。这个分布格局不同于王铁宇等人的报道(Wang et al.,2005b),说明近几年各个区域的使用等源输入的不同和降解率的不同。

3.2.2 环渤海地区土壤中 POPs 残留与国内其他区域的比较

对环渤海地区按照 PAHs 总量排序,滨海新区(1 225 ng/g)>官厅水库(402.4 ng/g)>环渤海北部地区(309.5 ng/g)。滨海新区与同类经济发展较快的区域——汕头经济特区相比较,超过其土壤中 PAHs

含量（317.3 ng/g，范围为 22.1~1 256.9 ng/g）（郝蓉等，2004）的 3 倍，最高值和最低值均高于汕头经济特区；远高于香港城区的土壤含量 [（169±123）ng/g]（章海波等，2005）；稍低于北京市四环以内的土壤浓度（1 637 ng/g）（Li X et al.，2006），低于南京郊区的钢铁工业区（4 292 ng/g）（葛成军等，2005）。整体来讲，污染程度属于中等偏上。官厅水库和环渤海北部地区 PAHs 残留属于中低水平，但部分高值区需引起关注。

对环渤海地区按照 DDTs 总量排序，滨海新区（73.9 ng/g）＞环渤海北部地区（16.5 ng/g）＞官厅水库（6.8 ng/g）；按照 HCHs 总量排序，滨海新区（665.8 ng/g）＞环渤海北部地区（3.5 ng/g）＞官厅水库（0.77 ng/g）。进一步分析来看，滨海新区内 DDTs 和 HCHs 的浓度都高于中国大部分区域（Cai et al.，2008），其中 HCHs 浓度是天津地区整体浓度的 14.5 倍（Wang et al.，2006），环渤海北部地区 OCPs 浓度低于国家一级标准，与国内大部分区域浓度持平，官厅水库区土壤中 DDTs 和 HCHs 的平均浓度处于较低残留水平。

3.3　环渤海地区 POPs 污染的环境风险

在现行的土壤 POPs 污染评价方法中，大多采用单因子污染指数法（Cai et al.，2008）。该评价方法用比较明确的界限对土壤 POPs 污染程度加以区分和量化，而实际上土壤 POPs 的污染状况是渐变、模糊的。模糊数学方法可以通过隶属度描述土壤 POPs 污染状况的渐变性和模糊性，使评价结果更加准确可靠（Chowdhury et al.，2009；Xu and Liu，2009），所以本节采用模糊数学的方法原理对环渤海地区土壤中的 POPs 含量进行评价。

3.3.1　模糊评价因子的隶属度函数及评价运算

3.3.1.1　评价标准选取

土壤环境质量标准是土壤中污染物的最高容许含量，是以环境质量基准为依据，并考虑社会、经济、技术等因素，经综合分析制定的，由国家管理机关颁布，一般具有法律强制性。我国《土壤环境质量标准》（GB 15618—1995）于 1996 年 3 月起实施，其中包含了对 DDTs 和 HCHs 的规定值。在该标准的制订中，第一级采用地球化学法，主要依据土壤背景值。很多有机食品生产基地土壤采用第一级标准。第二级采用生态环境效应法，主要依据土壤中有害物质对植物和环境是否造成危害或污染的影响，具体来讲是将土壤-植物体系、土壤-微生物体系、土壤-水体系等体系所研究得出的各体系的土壤环境质量基准，经综合考虑，选择最低值的体系作为限制因素，制定出土壤环境质量标准（表 3-2）。

表 3-2 模糊矩阵采用的标准分级

Table 3-2 Standard classification used in Fuzzy matrix （ng/g）

污染物	I	II	III	来源
$\sum$16PAHs	200	600	1 000	（Maliszewska-Kordybach，1996）
DDTs	50	500	1 000	GB 15618—1995
HCHs	50	500	1 000	GB 15618—1995

本研究中土壤 PAHs 的评价标准采用前面介绍的 Maliszewska-Kordybach（1996）提出的总量标准，DDTs 和 HCHs 的标准依据我国《土壤环境质量标准》（GB 15618—1995）。

3.3.1.2 确定隶属度函数

为了进行模糊运算，需要确定隶属度函数，并以隶属度来描述土壤污染状况的模糊界限。根据要实现的目标确定各个隶属度函数的拐点（选取美国政府或区域性标准等），用分段的直线函数模拟。本研究中，土壤 POPs 环境质量状况的隶属度函数用下面三个分段函数表示。

一级土壤 POPs 环境质量的隶属度函数：

$$u(x_i) = \begin{cases} 1 & x_i \leq a_i \\ (b_i - x_i)/(b_i - a_i) & a_i < x_i < b_i \\ 0 & x_i \geq b_i \end{cases} \quad (1)$$

二级土壤 POPs 环境质量的隶属度函数：

$$u(x_i) = \begin{cases} 1 & x_i \leq a_i, \ x_i \geq c_i \\ (x_i - a_i)/(b_i - a_i) & a_i < x_i \leq b_i \\ (c_i - x_i)/(c_i - b_i) & b_i < x_i < c_i \end{cases} \quad (2)$$

三级土壤 POPs 环境质量的隶属度函数：

$$u(x_i) = \begin{cases} 0 & x_i \leq b_i \\ (x_i - b_i)/(c_i - b_i) & b_i < x_i < c_i \\ 1 & x_i \geq c_i \end{cases} \quad (3)$$

式中：x 为该 POPs 含量的实测值；a、b、c 分别为该 POPs 对应于一级、二级、三级土壤 POPs 环境质量状况的标准值。取 U 为污染物评价因素的集合，V 为评价等级的集合，即 U{PAHs、DDTs、HCHs}，V{一级、二级、三级}。通过各指标的隶属度函数求出各单项指标对于各级别土壤 POPs 污染状况的隶属度，组成一个 3×3 的模糊矩阵，称为关系模糊矩阵 R（王建国和单艳红，2001）。

$$R \in F(U \cdot V) \quad (4)$$

3.3.1.3 各评价因子权重的确定

由于各单项指标对环境综合体的贡献存在差异，因此应有不同的权重。计算权重的方法很多，这里采用反映土壤各种 POPs 元素相对含量大小的加权法。该计算权重的方法在一定程度上可以反映污染超标的轻重对因子权重的影响。该方法计算权重的一般公式为：

$$W_i = (C_i/S_i) / \sum_{i=1}^{n}(C_i/S_i) \quad (5)$$

式中：W_i 为第 i 个因子的权重，C_i 为该指标的实测值，S_i 为该指标对应的各土壤 POPs 环境质量级别的标准值（表 3-2）。依照上式计算出各参评 POPs 因子的权重，写成矩阵形式为 $W = \{a, b, c\}$，以矩阵中的各个值代表各个评价因子的权重形成的矩阵，称为权重模糊矩阵。

3.3.1.4 模糊评价运算及结果生成

常用于模糊综合评价的模型有很多，本试验采用加权平均模型，本模型体现各个参评因素综合作用的模型，公式如下：

$$b_j = \sum_{i=1}^{n} w_i r_{ij} \quad j = 1, 2, \cdots, m \quad (6)$$

式中：b_j 为最终评价结果对应于第 j 个等级的隶属度，w_i 为对应的权重，r_{ij} 为模糊关系矩阵 R 中的对应元素，n 为参评因子个数，m 为所划分的等级数。

计算得到评价向量 $B=(b_1, b_2, \cdots, b_m)$，由于该模型计算结果已经自动归一化，所以以该集合中最大值所对应的级别作为最终评价结果（王建国和单艳红，2001）。

3.3.2 环渤海地区 POPs 复合土壤质量评价

POPs 污染综合评价方法能够反映出各环境单元整体上的污染程度及所评价区域污染因子贡献度的差异。经上述步骤的运算，得到环渤海北部地区，官厅水库和滨海新区的最终评价矩阵，归一化后评价向量均值为：

$$B = \begin{Bmatrix} B_1 \\ B_2 \\ B_3 \end{Bmatrix} = \begin{Bmatrix} B_{11} & B_{12} & B_{13} \\ B_{21} & B_{22} & B_{23} \\ B_{31} & B_{32} & B_{33} \end{Bmatrix} = \begin{Bmatrix} 0.73 & 0.22 & 0.05 \\ 0.70 & 0.20 & 0.10 \\ 0.33 & 0.28 & 0.39 \end{Bmatrix}$$

B_{1i}（$i=1, 2, 3$）表示环渤海北部地区在第 i 个级别环境质量的隶属度大小。

三个区域不同等级环境质量隶属度的空间分布图显示（图 3-2），环渤海北部地区，官厅水库和滨海新区土壤隶属于一级环境质量隶属度的比重分别为 74%、73%、32%，在二级环境质量隶属度的比重分别为 16%、16%、25%，在三级环境质量隶属度的比重分别为 10%、11%、43%。

不同污染物对环境质量隶属度的贡献度与污染物的浓度和权重有关。根据运算过程中权重的计算公式可以看出，污染物超标越多，加权越大。应用到环渤海地区各个样点，大部分点位中 PAHs 的权重要大于 DDTs 和 HCHs，一定程度上可以反映因子污染超标的相对轻重。

综合评价法与其他方法相比的优点是：①用隶属函数描述 POPs 质量分级界限，注意到实际上存在的界限模糊性，使评价结果更接近客观；②对各单项污染物进行了评价，并给予不同的权重，从而使评价结果更客观、科学。

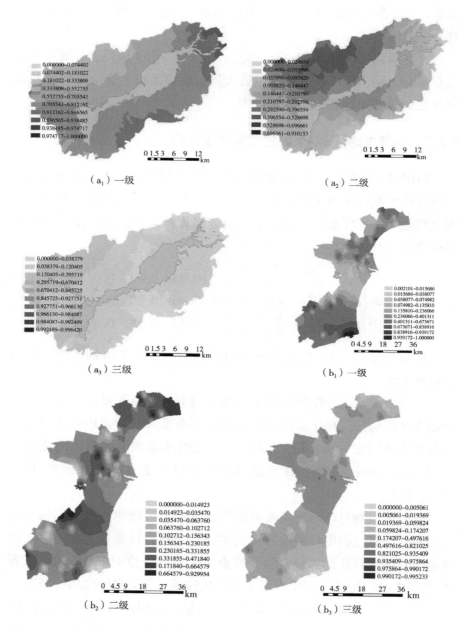

图 3-2 官厅水库（a）和滨海新区（b）不同等级环境质量隶属度的空间分布示意图

Fig. 3-2 Spatial distribution of different levels of environmental quality in Guanting Reservoir (a) and BHNA (b)

3.4 小结

环渤海地区的土壤已普遍受 POPs 污染,美国环保局(USEPA)规定的 16 种优先控制 PAHs 都有检出,污染程度呈增加趋势。土壤中 DDTs 和 HCHs 的浓度与 20 年前相比,土壤中的残留量有明显减少。

(1) 研究区域内(官厅水库、滨海新区、环渤海北部地区)存在 POPs 来源,按照 PAHs 总量排序,滨海新区(1 225 ng/g)>官厅水库(402.4 ng/g)>环渤海北部地区(309.5 ng/g)。从全国范围来看,滨海新区污染程度属于中等偏上,官厅水库和环渤海北部地区 PAHs 残留属于中低水平,但部分高值区需引起关注。

(2) 按照 DDTs 总量排序,滨海新区(73.9 ng/g)>环渤海北部地区(16.5 ng/g)>官厅水库(6.8 ng/g);按照 HCHs 总量排序,滨海新区(665.8 ng/g)>环渤海北部地区(3.5 ng/g)>官厅水库(0.77 ng/g)。滨海新区内 DDTs 和 HCHs 的浓度都高于中国大部分区域,官厅水库区土壤中 DDTs 和 HCHs 的平均浓度处于较低残留水平。

(3) 模糊综合评判法显示,环渤海北部地区、官厅水库和滨海新区土壤隶属于一级环境质量隶属度的比重分别为 74%、73%、32%,在二级环境质量隶属度的比重分别为 16%、16%、25%,在三级环境质量隶属度的比重分别为 10%、11%、43%。其中滨海新区为 POPs 相对重污染区。

环渤海北部地区典型POPs健康风险评价

4 环渤海北部地区典型 POPs 健康风险评价

基于作者课题组前期系统的样品采集及检测的研究成果，在参考国内外已有的各种风险评价模型的基础上，对健康风险评价模型进行了筛选。在大量场地调查和实际监测数据的基础上，对筛选出的模型进行修正，并对环渤海北部地区的 POPs 进行了健康风险评价，获取了通用场地的土壤指导值（Soil Guideline Values），并通过计算获得相应的指标值，为 POPs 土壤环境质量标准的制订提供依据。

4.1 健康风险评价模型的选择

CLEA 模型代表着英国污染场地健康风险评价十年调查研究的最高成果，是英国官方推荐用来进行污染场地健康风险评价以获取土壤指导限值的模型（DEFRA，2002）。CLEA 模型可评价成人与儿童通过与污染土壤直接或间接地接触而遭受的暴露情况，可评价的暴露持续时间从一年到一生（70 年）。CLEA 模型不仅考虑摄入途径的暴露量，还考虑吸入与皮肤接触暴露途径的暴露量。这些暴露途径涵盖了污染场地污染物一般情况下的暴露情况，虽然该模型目前还没有加入相应的地下水评价模式，但是它考虑背景暴露，因此可以把非土壤源导致的暴露（如水体暴露）归入背景暴露中，从而使之得到修正（李丽和等，2007）。另外，CLEA 模型虽然是基于英国的情况开发的，但是它是开放式的模型，可以方便地根据需要对其中的很多参数（如土地类型、土地用途、评价场景、化学物质等）进行修正。同时，CLEA 模型需要输入的参数较少，操作简单，可以免费获得。经过上述的模型比较及适用性评价分析后，本研究拟采用

CLEA 模型来对我国环渤海北部地区土壤 POPs 进行风险评价，并获取场地的土壤指导限值。

4.2 CLEA 模型的指标甄选及数据获取

4.2.1 概念模型

CLEA 模型将人的一生（70 年）划分为 18 个阶段：0~16 岁中每一岁代表一个阶段，17~59 岁代表成年人的工作阶段，60~70 岁代表退休养老阶段。

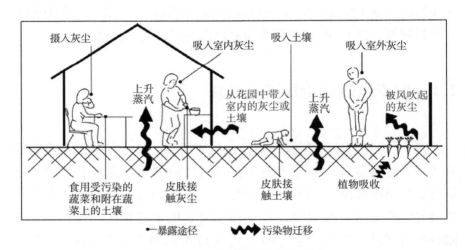

图 4-1　CLEA 模型暴露途径示意图

Fig. 4-1　Illustration of the potential exposure pathways in the CLEA model

CLEA 模型中有 3 个标准土地用途（住宅、园地、工商业用地）下的概念模型，这些概念模型的建立需要考虑以下 3 个因素：土地用途、污染物的迁移转化以及污染物的毒性。土地用途不同，受影响的人群也不同，并且不同的人群其活动方式也不同（表 4-1）。需要考虑的因子有场地使用者的年龄与性别，场地参观者的数量、参观时间，可能与污染物发生接触的活动等。

表 4-1 不同土地利用类型的受体及暴露特征

Table 4-1 Receptors and exposure characteristics in different types of land use

标准土地利用	关键受体及暴露时间	暴露持续时间（年）	平均时间（d）	暴露途径
住宅用地	儿童 0~6 岁	6	2 190	土壤和灰尘的直接摄入，室内外皮肤接触，室内外蒸气和灰尘吸入，植物及泥土摄入
娱乐用地	儿童 0~6 岁	6	2 190	土壤和灰尘的直接摄入，植物及泥土的摄入，室外皮肤接触，室外蒸气和灰尘吸入
工/商业用地	成年人 16~65 岁	49	17 885	土壤和灰尘的直接摄入，室内外皮肤接触，室内外蒸气和灰尘吸入

考虑污染物的迁移转化情况有助于理解各个可能的暴露途径及各个暴露途径（图 4-1）的暴露量。此外，同一种土地利用类型中，根据土壤性质的不同又划分为 3 种不同的土壤类型（沙土、黏土、壤土），具体见图 4-2。

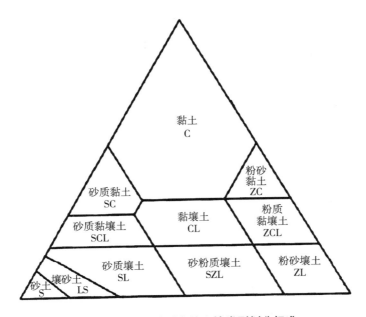

图 4-2 CLEA 模型中的土壤类型划分标准

Fig. 4-2 Division standard of soil types in the CLEA model

4.2.2 暴露量计算

CLEA 模型考虑通过经口摄入、呼吸吸入、皮肤接触渗入3种方式的 10 种可能的暴露途径。在进行风险评价时，CLEA 模型以 3 个标准土地用途［住宅用地（含或不含植物吸收）、园地、工商业用地］下的概念暴露评价模型为基础，并基于土壤中污染物的浓度不随时间改变这个假设来评估各个潜在暴露途径下敏感受体所受到的场地污染物的日平均暴露量（ADE）。总暴露量计算公式如下：

$$ADE = \frac{(IR_{oral} \times EF_{oral} \times ED_{oral})}{BW \times AT} + \frac{(IR_{inh} \times EF_{inh} \times ED_{inh})}{BW \times AT} + \frac{(IR_{derm} \times EF_{derm} \times ED_{derm})}{BW \times AT}$$

式中：ADE 是人体受到土壤化学品的日平均暴露量[mg/(kg·d)]；IR 是暴露速率（mg/d）；EF 是暴露频率（d/年）；ED 是暴露持续时间（年）；BW 是人体体重（kg）；AT 是平均作用时间（d）。下标 oral、inh、derm 分别指经口、呼吸、皮肤接触途径。

总暴露量计算公式中各指标的计算式如下：

$$IR_{oral} = IR_{direct\ soil\ ingestion} + IR_{indirect\ soil\ ingestion} + IR_{vegetable\ consumption}$$

$$IR_{direct\ soil\ ingestion} = C_{soil} \times SDR$$

$$IR_{indirect\ soil\ ingestion} = C_{soil} \times \sum_{vegetable\ type} (CR_{vegetable} \times BW \times HF_{vegetable} \times SL_{vegetable})$$

$$IR_{vegetable\ consumption} = C_{soil} \times \sum_{vegetable\ type} (CR_{vegetable} \times BW \times HF_{vegetable} \times CF_{vegetable})$$

$$C_{soil} = K_d \times C_{solution}$$

$$K_{oc} = \frac{K_d}{f_{oc}}$$

$$IR_{inh} = IR_{dust\ inhalation} + IR_{vapour\ inhalation}$$

$$IR_{dust\ inhalation} = (C_{soil} \times EF' \times C_{PM10} \times RV)_{outdoor} + (C_{soil} \times EF' \times C_{PM10} \times RV \times F_{dust})_{indoor}$$

$$IR_{vapour\ inhalation} = (C_{outdoor} \times RV) + (C_{indoor} \times RV)$$

$$C_{PM10} = (C/Q) \times Q \times (1 - V) \times \left(\frac{U_m}{U_t}\right)^3 \times F_{(x)} \times 10^3$$

$$RV = (RR_{act} \times T_{act}) + (RR_{pas} \times T_{pas})$$

$$RR = \alpha_{act} \times BW$$

$$C_{outdoor\ air} = C_{soil} \times VF_{samb}$$

$$VF_{samb} = \frac{H \times \rho}{[\theta_w + (K_d \times \rho) + (H \times \theta_\alpha)] \times \left[1 + \frac{U_{air} \times \delta_{air} \times L_s}{D_{eff} \times W}\right]} \times 10^6 \times 10^{-3}$$

$$D_{eff} = D_{air} \times \frac{\theta_\alpha^{3.33}}{\theta_t^2} + D_{wat} \times \frac{1}{H} \times \frac{\theta_\alpha^{3.33}}{\theta_t^2}$$

$$C_{indoor\ air} = C_{soil} \times \left\{ \frac{\left[D_{12} + V_s \times \left(\frac{P \times L}{\theta_\alpha \times A}\right) \times K_b\right]}{D_{12} + \left[D_{23(w)} \times \left(\frac{A_{wa} - A_{wd}}{A}\right)\right] + D_{23(c)} + (E_x \times h)} \right\}$$

$$IR_{dermal\ contact} = (AAD \times A_{skin})_{outdoor} + (AAD \times A_{skin} \times F_{dust})_{indoor}$$

$$AAD = \sum_{i=1}^{n} DA_{event}^i$$

$$A_{skin} = A_T \times \varphi_{cxp} \times 10^4$$

$$A_T = \frac{(4 \times BW) + 7}{BW + 90}$$

$$DA_{event} = \frac{C_{soil} \times EF' \times \rho_{soil} \times K_p^{soil}}{k_{soil} \times k_{vol}} \times [1 - e^{-(k_{soil} + k_{vol}) \times t_{event}}]$$

$$k_{soil} = \frac{\rho_{soil} \times K_p^{soil}}{AF} \times 10^3$$

$$k_{vol} = \frac{H \times D_{air}}{AF \times K_d \times l} \times 3\ 600 \times 10^3$$

上述公式中：

IR——暴露速率（mg/d），下标 direct soil ingestion, indirect soil ingestion, vegetable consumption, dust inhalation, vapour inhalation, dermal contact 分别表示直接土壤摄入、间接土壤摄入、蔬菜消费摄入、灰尘吸入、蒸气吸入、皮肤接触；

C_{soil}——土壤中污染物的浓度，mg/kg；

SDR——土壤与室内灰尘日平均摄入速率，g/d；

$CR_{vegetable}$——自家种植的各种蔬菜每日总消费量，g FW/（kg BW·d）；

$HF_{vegetable}$——各种蔬菜消费量占蔬菜总消费量的百分数；

$SL_{vegetable}$——各种蔬菜上黏附的总土壤量，g/g FW；

$CF_{vegetable}$——从土壤迁移到植物的浓度计算因子，（μg/g FW plant）/（μg/g DW soil）；

K_d——土壤—水分配系数，L/kg；

$C_{solution}$——土壤溶液中污染物的浓度，mg/L；

K_{oc}——有机碳分配系数，L/kg；

f_{oc}——土壤中有机碳含量百分数；

θ——土壤含水量，cm³/cm³；

EF'——富集因子，无量纲；

C_{PM10}——空气中飘尘的年平均浓度，g/m³；

RV——日呼吸空气量，m³/d；

F_{dust}——污染场地导致的灰尘占室内灰尘的百分数；

C/Q——标准化后灰尘的年平均浓度，(kg/m³)/[g/(m²·s)]；

Q——可吸入的颗粒物通量，g/(m²/s)；

V——被建筑物或植物覆盖的场地面积占总面积的百分数；

U_m——年平均风速，m/s；

U_t——地上 7 m 风速的等当值，m/s；

$F_{(x)}$——风速分布函数；

RR_{act}——活动状态下的吸入速率，m³/h；

T_{act}——每天中活动状态的小时数；

RR_{pas}——平静状态下的吸入速率，m³/h；

T_{pas}——每天中平静状态的小时数；

α_{act}——呼吸速率，m³/(kg·BW·h)；

$C_{outdoor\,air}$——室外空气中污染物的平均浓度，mg/m³；

VF_{samb}——污染物从表面土壤到空气的预测挥发率，(mg/m³ air)/(mg/kg soil)；

H——污染物的亨利常数，cm³ water/cm³ air；

ρ——土壤容重，g/cm³；

θ_w——未饱和土壤中的含水量，cm³ water/cm³ soil；

θ_α——未饱和土壤中的空气含量，cm³ air/cm³ soil；

U_{air}——混合区域内的地表风速，cm/s；

δ_{air}——混合区域的高度，cm；

L_s——污染源到地表的距离，cm；

W——与风向平行方向上污染源的宽度，cm；

D_{eff}——污染物在土壤空气相中的有效扩散系数，cm/s；

D_{air}——污染物在大气中的扩散系数，cm/s；

D_{wat}——污染物在水体中的扩散系数，cm/s；

θ_t——土壤的总空隙度，cm³/cm³ soil；

$C_{indoor\,air}$——室内空气中污染物的平均浓度，mg/m³；

D_{12}——污染物从未饱和的土壤区域扩散到室内的受控扩散通量系数，m/h；

$D_{23(w)}$——污染物通过墙壁从室内扩散到室外大气的受控扩散通量系数，m/h；

$D_{23(c)}$——污染物通过天花板从室内扩散到室外大气的受控扩散通量系数，m/h；

V_s——空气在一个压力梯度下穿过多孔介质的速率，m/h；

P——建筑物的周长，m；

L——有效长度，m；

A——地板面积，m²；

A_{wa}——墙壁面积，m²；

A_{wd}——墙上的开孔（如窗门等）面积，m²；

K_b——土壤容重系数，g/cm³；

E_x——室内空气与室外空气在一小时内的交换次数；

h——生活空间的总高度，m；

AAD——单位皮肤面积污染物的平均吸附剂量，mg/(cm²·d)；

A_{skin}——暴露的皮肤面积，cm²；

DA_{event}——在一次事件中单位皮肤面积污染物的平均吸附剂量，mg/cm² event；

ρ_{soil}——干土壤密度，g/cm³；

K_p^{soil}——土壤中污染物的皮肤渗透系数，cm/h；

k_{soil}——单位时间内污染物由于被吸收而损失的速率常数；

k_{vol}——单位时间内污染物由于挥发而损失的速率常数；

t_{event}——暴露事件的持续时间，h；

AF——单位面积皮肤上土壤的沉降量，mg DW/cm²；

D_{air}——污染物分子在空气中的扩散率，cm²/s；

l——空气—土壤界面边界层厚度，cm。

4.2.3 参数体系及数据获取

在 CLEA 模型参数体系中有四个数据库：土地利用、化学物质、土壤和建筑物。CLEA 模型是基于英国的场景假设而开发的污染土壤评价模型，模型中所用的大多数默认参数也主要是基于英国的具体情况而设定的，因此把该模型借鉴应用到我国时必须对其中的参数进行必要的修正，否则模拟结果将具有很大的不确定性。

4.2.3.1 土地利用类型

土地利用类型不同，人群活动主体和活动方式也不同。土壤污染物的关键受体和暴露途径也因此而变化（DEFRA，2002），本研究将用地类型大致分为住宅、娱乐、商业/工业等 3 种利用类型。各种土地利用类型的关键受体、暴露途径特征参见表 4-1。

人体对土壤中 PAHs 的暴露途径主要有三种：土壤吞食、皮肤直接接触和呼吸（USEPA，2002）。早在 20 世纪 60 年代，Hanke 等就提出皮肤能吸收挥发性气体的观点，所以，本研究考虑了因皮肤吸收由土壤中挥发出的 PAHs 而引起的致癌风险。此外，由土壤中 PAHs 经渗滤等过程对地下水的污染以及食用受 PAHs 污染的土地上生长的植物而引起的致癌风险，由于不属于直接暴露于土壤，所以本研究没有考虑其致癌风险。因此，暴露途径选择了 3 种方式 7 个可能的暴露途径：灰尘和土壤的经口摄入；灰尘与土壤（室内和室外）的皮肤接触；灰尘与蒸气（室内和室外）的呼吸吸入。

模型参数的取值主要来源于国内外相关的数据手册和相关文献，每个参数尽可能多搜集数据，或对同类数据作比较分析后选取有代表性的数据，以便尽可能地反映研究区域的实际状况。各参数及数据来源详见表4-2。

表4-2 关键受体的暴露特征参数
Table 4-2 Exposure parameters of the receptors

参数类别	符号	单位	参数	来源
污染物的浓度	C_{soil}	ng/g	土壤中POPs浓度	本实验室
人群的行为参数	IR_{soil}	mg/d	土壤吞食率	(Batchelor et al., 1998)
	IR_{air}	m³/d	呼吸速率	(Finley et al., 1994)
	IR_{veg}	kg/d	蔬菜摄食率	(Liao and Chiang, 2006; 李新荣, 2007)
	EF	d/年	暴露频率	(王震, 2007)
	ED	年	暴露年数	(Batchelor, et al., 1998; Oberg and Bergback, 2005; 王震, 2007)
	AT	d	终生致癌天数	(USEPA, 1991)
人群的生理参数	BW	kg	体重	(中华人民共和国卫生部, 2006)
	SA	cm²	皮肤面积	(Burmaster, 1998)
	FE	-	暴露于土壤的皮肤面积的比例	(Batchelor et al., 1998)
	M	mg/cm²	土壤-皮肤黏着因子	(Batchelor et al., 1998; USEPA, 1996a)
	RAF	-	皮肤附着因子	(Batchelor et al., 1998)
	PEF	m³/kg	土壤降尘因子	(王震, 2007)
	FC	-	消耗的蔬菜比例	
污染物的毒性数据	SF_o, SF_i, SF_j	mg/(kg·d)	经口、皮肤接触和呼吸致癌斜率因子	(Knafla et al., 2006; USEPA, 1999, 2007, 2009a)
	RfD_o, RfD_i, RfD_j	mg/(kg·d)		(晁雷等, 2007; 臧振远等, 2008)

4.2.3.2 污染物理化性质

日均暴露量与污染物的理化性质(如土壤富集因子、土壤—植物浓度因子、皮肤吸附分数、有机碳—水分配系数、辛醇—水分配系数、土—水分配系数、水溶性、蒸气压、气体扩散系数、水扩散系数、临界温度和基准温度、亨利常数等)密切相关。环渤海地区典型POPs

的理化性质数据均来自美国环保局（IRIS，2008）和英国环保署（EA，2009），详见表4-3。

4.2.3.3 土壤和建筑物

土壤污染物的行为依赖于土壤性质和场址特征。与土壤性质相关的参数包括：土壤pH值、有机质含量、土壤空隙度、土壤富集因子、水分含量和饱和导水率等。其中土壤pH值、有机质含量均采用本实验室的测试数据，其他参数均来自文献（Cao et al.，2004；王宣同等，2005；王喜龙和徐福留，2003；唐明金等，2006；罗启仕等，2007）和相关数据手册（中国土壤普查办公室，1998）。

建筑物特性影响污染物在土壤、建筑物和人体之间的传递。与建筑物相关的特殊参数包括：生活空间高度、封闭空间的长度和宽度、地基或隔板厚度、生活空间气体交换、土壤与封闭空间压力差、楼墙裂隙宽度等。从原理上讲，建筑物参数主要影响POPs物质通过室内空气对人群的暴露，影响较小（USEPA，1991），未见有文献探讨建筑物特性对土壤中POPs健康风险的影响，且客观上缺乏有意义的统计数据的参数，模拟时还采用模型的默认值。

4.2.4 通用场地SGVs

土壤指导限值是指使土壤污染物的日均暴露量与其健康标准值相等时的浓度。当土壤污染物浓度高于指导限值时可能对场地使用者产生不可接受的健康风险，为了保护人体健康必须采取措施（如进行进一步评价、采取修复和管理措施等）进行干预，因此土壤指导限值又称为干预值（DEFRA，2002）。目前，国际上对土壤指导限值的命名各不相同，如加拿大的土壤质量指导值（CCME，1999）、美国的土壤筛选值（USEPA，1996b）、英国的土壤指导值（DEFRA，2002）、澳大利亚的土壤调研值（ANZECC，1992）、荷兰的干预值（VROM，2000）等。

4 环渤海北部地区典型 POPs 健康风险评价

表 4-3 污染物的物理化学参数

Table 4-3 Physical and chemical parameters of pollutants

	经口的参考剂量 [mg/(g·d)]	呼吸的参考剂量 [mg/(g·d)]	Kaw (cm³/cm³)	空气中扩散系数 (m²/s)	水中扩散系数 (m²/s)	相对分子质量	蒸气压 (Pa)	水溶性 (mg/L)	Koc 对数 (cm³/g)	Kow 对数 (dimensionless)
Nap	2.00×10^1	2.00×10^1	6.62×10^{-3}	6.52×10^{-6}	5.16×10^{-10}	1.28×10^2	2.31×10^0	1.90×10^1	2.81×10^0	3.34×10^0
Any	6.00×10^1	6.00×10^1	NR	5.00×10^{-6}	3.70×10^{-10}	1.52×10^2	8.93×10^{-1}	3.93×10^0	3.66×10^0	4.00×10^0
Ane	6.00×10^1	6.00×10^1	NR	5.00×10^{-6}	3.70×10^{-10}	1.54×10^2	2.87×10^{-1}	3.93×10^0	1.40×10^0	3.92×10^0
Fle	4.00×10^1	4.00×10^1	NR	5.00×10^{-6}	3.80×10^{-10}	1.66×10^2	8.00×10^{-2}	1.98×10^0	3.86×10^0	4.18×10^0
Phe	6.00×10^1	6.00×10^1	NR	5.00×10^{-6}	3.80×10^{-10}	1.78×10^2	2.50×10^{-2}	1.15×10^0	4.15×10^0	4.57×10^0
Ant	3.00×10^2	3.00×10^2	NR	5.00×10^{-6}	4.00×10^{-10}	1.78×10^2	1.10×10^{-3}	7.50×10^{-2}	4.15×10^0	4.54×10^0
Fla	4.00×10^1	4.00×10^1	6.29×10^{-5}	5.01×10^{-6}	4.11×10^{-10}	2.02×10^2	1.31×10^{-4}	2.30×10^{-1}	4.26×10^0	5.13×10^0
Pyr	3.00×10^1	3.00×10^1	5.64×10^{-5}	5.01×10^{-6}	4.15×10^{-10}	2.02×10^2	1.53×10^{-5}	1.30×10^{-1}	4.21×10^0	5.08×10^0
Baa	2.00×10^{-1}	7.00×10^{-4}	3.16×10^{-5}	4.60×10^{-6}	3.80×10^{-10}	2.28×10^2	1.24×10^{-6}	3.80×10^{-3}	4.89×10^0	5.91×10^0
Chr	2.00×10^1	7.00×10^{-2}	3.18×10^{-6}	4.57×10^{-6}	3.77×10^{-10}	2.28×10^2	4.52×10^{-8}	2.00×10^{-3}	4.74×10^0	5.73×10^0
Bbf	2.00×10^{-1}	7.00×10^{-4}	2.05×10^{-6}	4.36×10^{-6}	3.62×10^{-10}	2.52×10^2	6.34×10^{-8}	2.00×10^{-3}	5.02×10^0	6.08×10^0
Bkf	2.00×10^0	7.00×10^{-3}	1.74×10^{-6}	4.36×10^{-6}	3.62×10^{-10}	2.52×10^2	1.64×10^{-8}	8.00×10^{-4}	5.17×10^0	6.26×10^0
Bap	2.00×10^{-2}	7.00×10^{-5}	1.76×10^{-6}	4.38×10^{-6}	3.67×10^{-10}	2.52×10^2	2.00×10^{-8}	3.80×10^{-3}	5.11×10^0	6.18×10^0

（续表)

	经口的参考剂量 [mg/(g·d)]	呼吸的参考剂量 [mg/(g·d)]	Kaw (cm³/cm³)	空气中扩散系数 (m²/s)	水中扩散系数 (m²/s)	相对分子质量	蒸气压 (Pa)	水溶性 (mg/L)	Koc 对数 (cm³/g)	Kow 对数 (dimensionless)
Ilp	2.00×10^{-1}	7.00×10^{-4}	2.05×10^{-6}	4.17×10^{-6}	3.51×10^{-10}	2.76×10^{2}	2.12×10^{-9}	2.00×10^{-4}	4.94×10^{0}	5.97×10^{0}
Daa	2.00×10^{-2}	7.00×10^{-5}	5.40×10^{-6}	4.08×10^{-6}	3.40×10^{-10}	2.78×10^{2}	1.66×10^{-10}	6.00×10^{-4}	5.27×10^{0}	6.38×10^{0}
Bgp	2.00×10^{0}	7.00×10^{-3}	2.36×10^{-6}	4.22×10^{-6}	3.56×10^{-10}	2.76×10^{2}	1.55×10^{-10}	2.64×10^{-4}	5.62×10^{0}	6.81×10^{0}
α-HCH	5.00×10^{-1}	5.00×10^{-1}	8.11×10^{-5}	4.84×10^{-6}	3.84×10^{-10}	2.91×10^{2}	6.47×10^{-3}	2.00×10^{0}	3.15×10^{0}	3.77×10^{0}
β-HCH	2.00×10^{-1}	2.00×10^{-1}	4.71×10^{-6}	4.72×10^{-6}	3.84×10^{-10}	2.91×10^{2}	1.80×10^{-5}	2.00×10^{-1}	3.23×10^{0}	3.87×10^{0}
γ-HCH	3.00×10^{-1}	3.00×10^{-1}	3.10×10^{-5}	4.78×10^{-6}	3.84×10^{-10}	2.91×10^{2}	3.70×10^{-3}	7.30×10^{0}	3.07×10^{0}	3.67×10^{0}
DDT	5.00×10^{-1}	5.00×10^{-1}	8.17×10^{-5}	4.22×10^{-6}	3.19×10^{-10}	3.54×10^{2}	6.06×10^{-2}	5.70×10^{-3}	5.05×10^{0}	6.11×10^{0}

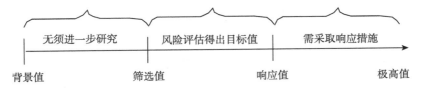

图 4-3 美国对污染土地风险管理的污染物浓度分区

Fig. 4-3 Classification of pollutants' concentrations of risk management in contaminated land in United States

土壤指导限值不同于土壤质量标准、土壤修复目标和基准值。土壤指导限值是基于人体健康风险的土壤污染物浓度的控制限值，与土壤污染影响人体健康的诸多因素相关。基于风险的土壤指导限值是土壤污染物浓度的指示值或警告值，是初步判断和识别污染土地健康风险的依据。土壤指导限值有助于环境管理部门根据"可能存在显著伤害"决定是否将某场地划为受污染类型，是否需要采取措施确保污染土地不会对人体健康造成不可接受的风险（罗启仕等，2007）。例如，美国环保局利用"筛选值"将土壤污染物浓度从低到高分为 3 个区间（USEPA，1996b）（图 4-3）：土壤污染物浓度处于背景值与筛选值之间时，污染风险可以忽略，无须进一步进行场地调研；污染物浓度处于筛选值与响应值之间时，土壤污染可能会对生态或人体健康产生风险，但这并非意味着必须采取修复措施，需根据特定场地的风险评估结果来决定；污染物浓度处于响应值与极高值之间时，则必须采取响应措施。美国、加拿大、荷兰、澳大利亚、法国、瑞典、日本、越南和丹麦等许多国家都制定了各自的土壤指导限值（ANZECC，1992；CCME，1999；DEFRA，2002；USEPA，1996b；VROM，2000）。然而，我国目前这方面的研究还很薄弱，仅有罗启仕等（2007）和李丽和等（2007）分别尝试着获取了上海建设用地和典型石油化工场地的土壤指导限值，还没有适合我国国情的区域尺度上的通用土壤指导限值。本研究根据环渤海地区的土壤环境条件和土地利用类型的特征，利用英国的污染土地暴露评价（CLEA-UK）模型，制定了区域内典型 POPs 的土壤指导限值，论述了土壤指导限值在环渤海地区污染管理和修复中的应用。

启动 CLEA-UK 模型，输入关键参数建立数据库，选择参数并运行模型，结果如表 4-4 所示。考虑到区域内 95% 有机质的含量处于 1%~10%，所以设置了三个有机质梯段。从表中数据可以看出，在 4 种土地利用类型中住宅用地（包含植物吸收）的土壤指导限值最小，即要求最严格，其次为娱乐用地，工/商业用地的土壤指导限值最高。因此，对于要开发为住宅用地的建设用地，其土壤污染物含量水平的要求最严，而开发为工业和商业用地时，其土壤污染物的含量要求比较宽松。

总的来讲，在同种土壤类型、同等土地用途及同等有机质含量条件下，目标污染物的 SGVs 从大到小的排序依次为：Bap>Daa>Baa>Ilp>Bbf>β-HCH>γ-HCH>Bkf>Bgp>α-HCH>Ane>Chr>Nap>DDT>Fle>Any>Ant>Pyr>Fla>Phe，这主要受污染物的物理化学性质指标主导。

将计算结果与国际数据相比较，住宅、商业和工业用地的土壤指导限值中 PAHs 和 HCHs 与美国最新公布的土壤初级筛选标准大体相当，见表 4-5。对土地利用类型和土壤污染暴露途径的界定可能是产生差异的主要原因（李丽和等，2007；罗启仕等，2007）。日均暴露量的计算是一个非常复杂的过程，需要了解土壤污染物的迁移特征和人类行为的社会学特性，计算模型不能精确地反映环境和暴露特性以及模型参数确定不合理等都会使计算结果具有不确定性。另外，表 4-4 是基于环渤海地区典型特征参数的计算结果，属于通用型的土壤污染物指导限值，对于特定的污染场地，其实际暴露场景与本研究的典型暴露特征可能存在差异。为了确保评价结果的可靠性，有必要根据场地的具体特征参数重新计算指导限值。DDTs 的结果偏差较大，这与目前国际上并无明确统一的健康标准值有关，不影响后面关于研究区域 DDTs 健康风险评价的量化。

4 环渤海北部地区典型POPs健康风险评价

表 4-4 环渤海地区 POPs 通用场地 SGV 值

Table 4-4 SGV of soil POPs in generic sites around Bohai Bay

(ng/g)

用地类型	含植物吸收的居住用地			不含植物吸收的居住用地			娱乐用地			工商业用地		
SOM	1%	5%	10%	1%	5%	10%	1%	5%	10%	1%	5%	10%
Nap	1.17×10^4	5.26×10^4	9.74×10^4	6.83×10^4	2.40×10^5	3.59×10^5	2.83×10^6	2.94×10^6	2.97×10^6	3.15×10^6	8.79×10^6	1.35×10^7
Any	2.05×10^5	7.60×10^5	1.15×10^6	2.39×10^6	2.40×10^6	2.40×10^6	8.96×10^6	9.05×10^6	9.07×10^6	5.28×10^7	5.29×10^7	5.29×10^7
Ane	2.24×10^3	8.02×10^3	1.44×10^4	1.78×10^6	2.04×10^6	2.07×10^6	8.11×10^6	8.38×10^6	8.53×10^6	4.99×10^7	5.12×10^7	5.17×10^7
Fle	1.99×10^5	6.63×10^5	9.35×10^5	1.60×10^6	1.60×10^6	1.60×10^6	5.99×10^6	6.04×10^6	6.05×10^6	3.52×10^7	3.53×10^7	3.53×10^7
Phe	5.04×10^5	1.37×10^6	1.74×10^6	2.40×10^6	2.40×10^6	2.40×10^6	9.03×10^6	9.08×10^6	9.09×10^6	5.29×10^7	5.30×10^7	5.30×10^7
Ant	2.52×10^5	6.83×10^5	8.69×10^5	1.20×10^6	1.20×10^6	1.20×10^6	4.51×10^6	4.54×10^6	4.54×10^6	2.65×10^7	2.65×10^7	2.65×10^7
Fla	4.10×10^5	1.01×10^6	1.24×10^6	1.55×10^6	1.59×10^6	1.60×10^6	6.02×10^6	6.05×10^6	6.06×10^6	3.51×10^7	3.53×10^7	3.53×10^7
Pyr	2.81×10^5	7.24×10^5	9.01×10^5	1.16×10^6	1.19×10^6	1.20×10^6	4.51×10^6	4.54×10^6	4.55×10^6	2.63×10^7	2.65×10^7	2.65×10^7
Baa	3.51×10^1	4.97×10^1	5.25×10^1	5.57×10^1	5.59×10^1	5.59×10^1	2.11×10^2	2.12×10^2	2.12×10^2	1.23×10^3	1.23×10^3	1.23×10^3
Chr	3.01×10^3	4.75×10^3	5.12×10^3	5.59×10^3	5.59×10^3	5.59×10^3	2.11×10^4	2.12×10^4	2.12×10^4	1.23×10^5	1.23×10^5	1.23×10^5
Bbf	3.82×10^1	4.98×10^1	5.17×10^1	5.42×10^1	5.42×10^1	5.42×10^1	2.05×10^2	2.05×10^2	2.05×10^2	1.19×10^3	1.19×10^3	1.19×10^3
Bkf	4.33×10^2	5.26×10^2	5.40×10^2	5.59×10^2	5.59×10^2	5.59×10^2	2.11×10^3	2.12×10^3	2.12×10^3	1.23×10^4	1.23×10^4	1.23×10^4
Bap	4.18×10^0	5.21×10^0	5.38×10^0	5.59×10^0	5.59×10^0	5.59×10^0	2.11×10^1	2.12×10^1	2.12×10^1	1.23×10^2	1.23×10^2	1.23×10^2

（续表）

用地类型	含植物吸收的居住用地			不含植物吸收的居住用地			娱乐用地			工商业用地		
SOM	1%	5%	10%	1%	5%	10%	1%	5%	10%	1%	5%	10%
IIp	3.70×10^1	5.05×10^1	5.29×10^1	5.59×10^1	5.59×10^1	5.59×10^1	2.11×10^2	2.12×10^2	2.12×10^2	1.23×10^3	1.23×10^3	1.23×10^3
Daa	4.57×10^0	5.32×10^0	5.44×10^0	5.59×10^0	5.59×10^0	5.59×10^0	2.11×10^1	2.12×10^1	2.12×10^1	1.23×10^2	1.23×10^2	1.23×10^2
Bgp	5.08×10^2	5.45×10^2	5.50×10^2	5.59×10^2	5.59×10^2	5.59×10^2	2.12×10^3	2.12×10^3	2.12×10^3	1.23×10^4	1.23×10^4	1.23×10^4
α-HCH	6.03×10^2	2.67×10^3	4.73×10^3	1.45×10^4	1.99×10^4	2.05×10^4	8.06×10^4	8.22×10^4	8.26×10^4	4.26×10^5	4.54×10^5	4.58×10^5
β-HCH	2.84×10^2	1.24×10^3	2.16×10^3	8.56×10^3	8.78×10^3	8.79×10^3	3.24×10^4	3.29×10^4	3.31×10^4	1.84×10^5	1.85×10^5	1.85×10^5
γ-HCH	3.18×10^2	1.42×10^3	2.54×10^3	1.04×10^4	1.25×10^4	1.27×10^4	4.82×10^4	4.93×10^4	4.95×10^4	2.66×10^5	2.75×10^5	2.76×10^5
DDT	1.55×10^4	2.02×10^4	2.10×10^4	2.19×10^4	2.21×10^4	2.21×10^4	8.33×10^4	8.34×10^4	8.35×10^4	4.62×10^5	4.63×10^5	4.63×10^5

表 4-5 美国土壤 POPs SSL (Soil Screening Level) 和居住用地、工业用地浓度限值

Table 4-5 SSL and limited values of soil POPs in residential and industrial land in United States

(ng/g)

	SSL DAF=1	住宅区 致癌目标风险 (TR) =1×10⁻⁶	住宅区 非癌症危险指数 (HI) = 1	工业区 致癌目标风险 (TR) =1×10⁻⁶	工业区 非癌症危险指数 (HI) = 1
Nap	4.70×10⁻¹	3.60×10³	1.40×10⁵		6.20×10⁵
Any					
Ane	2.30×10⁴		3.40×10⁶		3.30×10⁷
Fle	2.70×10⁴		2.30×10⁶		2.20×10⁷
Phe					
Ant	3.60×10⁵		1.70×10⁷		1.70×10⁸
Fla	1.60×10⁵		2.30×10⁶		2.20×10⁷
Pyr	1.20×10⁵		1.70×10⁶		1.70×10⁷
Baa	1.00×10¹	1.50×10²		3.90×10³	
Chr	1.10×10³	1.50×10⁴		3.90×10⁵	
Bbf	3.50×10¹	1.50×10²		3.90×10³	
Bkf	3.50×10²	1.50×10³		3.90×10⁴	
Bap	3.50×10⁰	1.50×10¹		3.90×10²	
Ilp	1.20×10²	1.50×10²		3.90×10³	
Daa	1.10×10¹	1.50×10¹		3.90×10²	
Bgp					
DDD	6.60×10¹	2.00×10³		1.20×10⁴	
p,p'-DDE	4.70×10¹	1.40×10³		8.40×10³	
DDT	6.70×10¹	1.70×10³	3.60×10⁴	8.40×10³	4.30×10⁵
α-HCH	6.20×10⁻²	7.70×10¹	4.90×10⁵	4.50×10²	4.90×10⁶
β-HCH	2.20×10⁻¹	2.70×10²		1.60×10³	
γ-HCH	3.60×10⁻¹	5.20×10²	2.10×10⁴	2.60×10³	2.40×10⁵

引自：USEPA (2009b)

土壤中污染物可随淋溶水发生垂直迁移而进入地下水，影响地下

水环境质量。污染场地地下水作为饮用水源或农业灌溉水源时，应计算保护地下水的土壤修复限值。与基于保护地下水而确定的土壤筛选水平 SSL（Soil Screening Level）相比，不论是住宅土壤还是工业土壤，SGVs 都远远低于 SSLs。如果出于保护地下水的目的，需要制定更为严格的筛选标准。

在制定污染场地土壤修复建议目标值时，需要对运算得到的各关注污染物经单一和所有暴露途径致癌风险的土壤修复限值、经单一和所有暴露途径非致癌风险的土壤修复限值和保护地下水的土壤修复限值进行比较，以最小值为基准。

4.2.5 不确定性分析

数据不确定性包括测量误差、模型参数估计不确定性，以及用于模型校正的观测数据的不确定性。在计算过程中引入不确定性分析方法并不能降低所要研究问题内在的不确定性，但是它能够确定风险水平并提供更好的决策支持。

就本研究而言，其评价结果的不确定性主要来源于：①样品采集、储运、处理、测试以及对历史资料的分析筛选；②模型的选择和模型参数的获取及模型本身的不确定性；③评价者对气象、地质和水文地质条件等环境背景及化学物质毒性和作用模式与机制的认识程度等，都可能对评价结果产生影响。

为了尽可能减少不确定因素的影响，了解不同参数对目标变量的综合影响以及目标变量最终结果的统计特性（USEPA，1997），本研究进行了灵敏度分析，得到敏感参数，为进一步改进评价模型和减小输出结果的不确定性提供参考依据。

$$S_i = \frac{(\Delta Y_i / Y_i)}{(\Delta X_i / X_i)}$$

根据已有的相关研究经验（王宣同等，2005），为更好地体现输入参数对输出结果的影响，本研究以 $S>0.15$ 为关键参数的筛选标准，确定较敏感的参数。灵敏度分析结果显示（图4-4），不同污染物对应的同一参数灵敏度有些许不同，但对于三大类污染物都存在土壤中污染物的浓度（C_soil）、土壤的吞食速率（IR_soil）和人群暴露土壤的

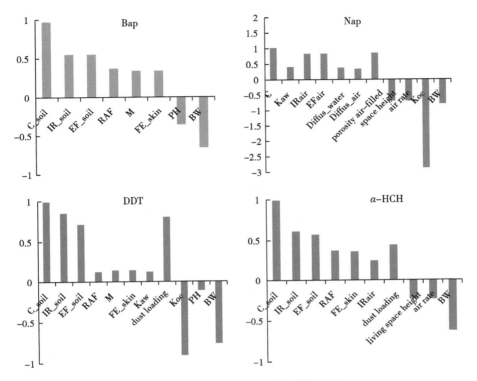

图 4-4 针对不同污染物的参数敏感度

Fig. 4-4 Sensitivity parameters for different pollutants

porosity air-filled：孔隙空气填充；space height：空间高度；air rate：通风速率；dust loading：灰尘含量；living space height：居住空间高度。其他见前文

频次（EF_soil）为三个正向影响最敏感的参数，土壤 pH 值和人群体重（BW）为负向影响最敏感的参数。这些参数需要更为准确的数值，本研究中的取值主要来源于国内外相关的数据手册和相关文献，每个参数尽可能多搜集数据，或对同类数据作比较分析后选取有代表性的数据，以便尽可能地反映研究区域的实际状况。

除此之外，风险评价本身也存在着诸多不确定性因素，故该评价只是一个初步的尝试，还有许多待改进之处。这种初步的尝试旨在引起人们对环渤海地区 POPs 健康风险研究的重视，更为细致和深入的工作有待于进一步进行。

4.3 环渤海北部地区典型POPs的暴露特征

本研究区域内,环渤海北部地区涉及唐山(TS1、TS2、TS4、TS5、TS6、TS7)、秦皇岛(QS2、QS4、QS5)、葫芦岛(HL2、HL3、HL4、HL5)、锦州(JZ1、JZ2、JZ3、JZ4、JZ5)、盘锦(PJ1、PJ2)、营口(YK1、YK2、YK3)、大连(DL1、DL2、DL5、DL6)和丹东(DD1、DD2、DD3、DD4)8个地区。运用经参数修正的CLEA模型来进行健康风险评价。在模型模拟时,考虑到研究区域内有居民居住,为保护其人体健康,模拟时场地类型选择住宅用地,不含植物吸收(在前期的社会调研中,绝大部分居民的蔬菜均购自附近农贸市场,极少数居民在自家院子里种植小片蔬菜,且品种有限,不能够满足日常食用所需)。该场地土壤类型为壤土,pH值 5.03~8.29,有机质含量为 0.34%~5.5%,年平均气温为 5.1~10.8 ℃(国家统计局,2009),年平均风速 2.8~4.8 m/s(中国气象数据共享服务网,2009)。选择儿童作为场地的敏感受体(USEPA,1991),暴露持续时间为6年,平均作用时间为2 190天。

表4-6 环渤海北部地区敏感受体POPs日均暴露量(ADE)

Table 4-6 Simulation of ADE of POPs for local residents in North Bohai Bay

[ng/(g·d)]

	N	均值	最小值	最大值	中值	标准差
Nap	31	8.70×10^{-4}	0.00×10^{0}	3.83×10^{-3}	6.05×10^{-4}	8.50×10^{-4}
Any	31	5.33×10^{-5}	1.99×10^{-6}	2.17×10^{-4}	3.87×10^{-5}	5.88×10^{-5}
Ane	31	6.14×10^{-5}	0.00×10^{0}	2.33×10^{-4}	5.12×10^{-5}	5.60×10^{-5}
Fle	31	2.43×10^{-4}	2.53×10^{-5}	1.12×10^{-3}	1.16×10^{-4}	3.33×10^{-4}
Phe	31	3.44×10^{-4}	1.39×10^{-5}	9.89×10^{-4}	2.90×10^{-4}	2.88×10^{-4}
Ant	31	9.84×10^{-5}	7.47×10^{-6}	4.44×10^{-4}	6.36×10^{-5}	1.04×10^{-4}
Fla	31	3.66×10^{-4}	4.25×10^{-5}	1.08×10^{-3}	3.16×10^{-4}	2.83×10^{-4}
Pyr	31	3.21×10^{-4}	4.31×10^{-5}	1.12×10^{-3}	2.21×10^{-4}	2.89×10^{-4}

(续表)

	N	均值	最小值	最大值	中值	标准差
Baa	31	2.68×10^{-4}	3.51×10^{-5}	1.03×10^{-3}	1.69×10^{-4}	2.57×10^{-4}
Chr	31	2.76×10^{-4}	1.36×10^{-5}	9.29×10^{-4}	1.75×10^{-4}	2.35×10^{-4}
Bbf	31	5.26×10^{-4}	4.11×10^{-6}	2.36×10^{-3}	2.11×10^{-4}	6.19×10^{-4}
Bkf	31	9.43×10^{-5}	2.26×10^{-6}	3.06×10^{-4}	9.09×10^{-5}	8.12×10^{-5}
Bap	31	2.24×10^{-4}	5.20×10^{-5}	6.63×10^{-4}	1.45×10^{-4}	1.83×10^{-4}
Ilp	31	2.94×10^{-4}	8.86×10^{-6}	1.14×10^{-3}	1.72×10^{-4}	3.07×10^{-4}
Daa	31	5.27×10^{-5}	8.68×10^{-6}	2.35×10^{-4}	1.61×10^{-5}	6.96×10^{-5}
Bgp	31	2.25×10^{-4}	0.00×10^{0}	6.97×10^{-4}	1.56×10^{-4}	1.77×10^{-4}
SUM	31	4.32×10^{-3}	1.30×10^{-3}	1.25×10^{-2}	3.19×10^{-3}	3.16×10^{-3}
α-HCH	31	7.48×10^{-7}	0.00×10^{0}	1.00×10^{-5}	0.00×10^{0}	1.98×10^{-6}
β-HCH	31	2.60×10^{-5}	0.00×10^{0}	2.49×10^{-4}	1.09×10^{-5}	4.64×10^{-5}
γ-HCH	31	2.40×10^{-6}	0.00×10^{0}	2.04×10^{-5}	0.00×10^{0}	5.31×10^{-6}
δ-HCH	31	1.88×10^{-6}	0.00×10^{0}	1.21×10^{-5}	0.00×10^{0}	2.69×10^{-6}
p,p'-DDE	31	6.58×10^{-5}	0.00×10^{0}	1.49×10^{-3}	5.31×10^{-6}	2.67×10^{-4}
p,p'-DDD	31	5.08×10^{-6}	0.00×10^{0}	4.82×10^{-5}	0.00×10^{0}	1.05×10^{-5}
o,p'-DDT	31	1.21×10^{-5}	0.00×10^{0}	1.47×10^{-4}	0.00×10^{0}	3.27×10^{-5}
o,p'-DDT	31	5.58×10^{-5}	0.00×10^{0}	5.75×10^{-4}	1.69×10^{-5}	1.04×10^{-4}
T_DDT	31	1.39×10^{-4}	0.00×10^{0}	2.23×10^{-3}	4.66×10^{-5}	3.98×10^{-4}
T_HCH	31	3.10×10^{-5}	0.00×10^{0}	2.58×10^{-4}	1.67×10^{-5}	4.81×10^{-5}

环渤海北部地区敏感受体 POPs 暴露量的计算结果见表 4-6。总日均暴露量的范围为 $1.31\times10^{-3} \sim 1.26\times10^{-2}$ ng/(g·d)，平均值为 4.49×10^{-3} ng/(g·d)。比较污染物暴露量的平均值，22 种污染物中，Nap 的总暴露量最大，而 α-HCH 的暴露量最小，最大暴露量与最小暴露量之间相差了 3 个数量级，这与它们的浓度差异基本一致，不同点位因 pH 值、有机质含量的差异对 POPs 暴露量有影响，但影响不大。三大类污染物的暴露量比较，PAHs>DDTs>HCHs。

从图 4-5 看出，在所研究的 16 种 PAHs 和 DDTs、HCHs 中，除 Nap 和 Ane 外，经口暴露量均占总暴露量的 64% 以上，皮肤接触次之

(5%~35%)，呼吸暴露途径的贡献率较小，这说明经口摄入是污染物的主要暴露途径。而 Nap 作为一种挥发性很强的物质，呼吸暴露是其主要暴露途径。不同污染物各暴露途径对暴露总量的贡献度受多方面的影响，不仅与污染物本身的物理化学性质有关，也与土地利用类型、土壤性质、居民的行为参数等有关。

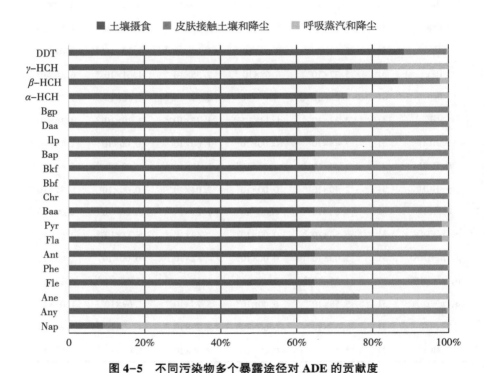

图 4-5　不同污染物多个暴露途径对 ADE 的贡献度

Fig. 4-5 Pathway-specific of different pollutants for the contribution of ADE

表 4-7 中给出了 8 个区域的 POPs 暴露模拟计算结果，对比分析结果显示，葫芦岛地区日均暴露量最高 [$8.15×10^{-3}$ ng/(g·d)]，接下来是丹东 [$6.21×10^{-3}$ ng/(g·d)] 和大连 [$5.34×10^{-3}$ ng/(g·d)]，唐山最低 [$2.39×10^{-3}$ ng/(g·d)]，其他区域从高到低依次为营口 [$5.03×10^{-3}$ ng/(g·d)]、盘锦 [$3.46×10^{-3}$ ng/(g·d)]、秦皇岛 [$2.76×10^{-3}$ ng/(g·d)] 和锦州 [$2.61×10^{-3}$ ng/(g·d)]。

4　环渤海北部地区典型 POPs 健康风险评价

表 4-7　环渤海北部地区 ADE 的模拟计算结果

Table 4-7　Simulation output of ADE of POPs for local residents in North Bohai Bay

[ng/(g·d)]

ADE	Nap	Any	Ane	Fle	Phe	Ant	Fla	Pyr	Baa	Chr	Bbf	Bkf	Bap
丹东	1.48×10^{-3}	1.00×10^{-4}	4.18×10^{-5}	7.38×10^{-5}	6.18×10^{-4}	5.88×10^{-5}	5.48×10^{-4}	5.61×10^{-4}	4.97×10^{-4}	3.13×10^{-4}	7.67×10^{-4}	7.93×10^{-5}	3.23×10^{-4}
大连	7.86×10^{-4}	8.04×10^{-5}	3.49×10^{-5}	9.98×10^{-5}	4.05×10^{-5}	5.89×10^{-5}	4.18×10^{-4}	4.59×10^{-4}	3.89×10^{-4}	3.46×10^{-4}	9.00×10^{-4}	8.58×10^{-5}	3.09×10^{-4}
葫芦岛	2.14×10^{-3}	3.30×10^{-5}	6.13×10^{-5}	1.32×10^{-4}	6.32×10^{-4}	6.82×10^{-5}	5.62×10^{-4}	4.84×10^{-4}	3.82×10^{-4}	4.36×10^{-4}	1.08×10^{-3}	1.60×10^{-4}	3.20×10^{-4}
锦州	1.40×10^{-4}	7.09×10^{-5}	1.31×10^{-5}	4.95×10^{-5}	3.87×10^{-4}	2.18×10^{-5}	2.42×10^{-4}	1.37×10^{-4}	1.42×10^{-4}	3.14×10^{-4}	2.46×10^{-4}	1.39×10^{-4}	1.79×10^{-4}
秦皇岛	5.12×10^{-4}	2.54×10^{-4}	2.79×10^{-5}	4.43×10^{-4}	2.24×10^{-4}	1.50×10^{-4}	2.24×10^{-4}	1.41×10^{-4}	1.85×10^{-4}	1.27×10^{-4}	1.87×10^{-4}	2.70×10^{-5}	8.61×10^{-5}
唐山	5.28×10^{-5}	1.11×10^{-5}	2.72×10^{-5}	6.87×10^{-5}	3.06×10^{-4}	2.99×10^{-5}	1.74×10^{-4}	1.71×10^{-4}	1.32×10^{-4}	1.08×10^{-4}	2.81×10^{-4}	3.97×10^{-5}	1.21×10^{-4}
营口	9.89×10^{-4}	2.46×10^{-5}	4.76×10^{-5}	9.47×10^{-5}	3.42×10^{-4}	4.69×10^{-5}	4.39×10^{-4}	4.07×10^{-4}	2.95×10^{-4}	3.02×10^{-4}	7.03×10^{-4}	1.10×10^{-4}	2.72×10^{-4}
盘锦	3.46×10^{-4}	8.66×10^{-5}	1.50×10^{-5}	1.08×10^{-3}	6.77×10^{-5}	2.68×10^{-5}	3.93×10^{-5}	1.35×10^{-4}	4.42×10^{-5}	2.32×10^{-4}	6.54×10^{-5}	1.11×10^{-4}	1.17×10^{-4}

ADE	Ilp	Daa	Bgp	α-HCH	β-HCH	γ-HCH	δ-HCH	p,p'-DDE	p,p'-DDD	o,p'-DDT	Ilp	Daa
丹东	4.49×10^{-4}	2.83×10^{-4}	1.97×10^{-4}	2.83×10^{-5}	1.97×10^{-5}	1.47×10^{-6}	1.48×10^{-5}	4.19×10^{-6}	4.09×10^{-6}	9.34×10^{-6}	2.12×10^{-6}	4.11×10^{-5}
大连	4.24×10^{-4}	2.02×10^{-4}	3.99×10^{-4}	2.02×10^{-5}	3.99×10^{-4}	0.00×10^{0}	1.36×10^{-4}	8.12×10^{-6}	3.03×10^{-6}	3.14×10^{-6}	5.60×10^{-6}	3.36×10^{-5}
葫芦岛	5.69×10^{-4}	1.26×10^{-4}	4.10×10^{-4}	1.26×10^{-4}	4.10×10^{-4}	3.77×10^{-6}	2.80×10^{-4}	1.88×10^{-4}	2.77×10^{-6}	3.96×10^{-4}	1.53×10^{-4}	3.15×10^{-5}
锦州	1.20×10^{-4}	1.65×10^{-5}	1.35×10^{-5}	1.65×10^{-5}	1.35×10^{-5}	0.00×10^{0}	1.10×10^{-4}	0.00×10^{0}	0.00×10^{0}	4.39×10^{-6}	0.00×10^{0}	0.00×10^{0}
秦皇岛	2.20×10^{-5}	1.45×10^{-5}	1.40×10^{-5}	1.45×10^{-5}	1.40×10^{-5}	0.00×10^{0}	1.11×10^{-5}	0.00×10^{0}	1.31×10^{-6}	0.00×10^{0}	0.00×10^{0}	0.00×10^{0}
唐山	1.91×10^{-4}	1.30×10^{-5}	1.35×10^{-5}	1.30×10^{-5}	1.35×10^{-5}	0.00×10^{0}	2.87×10^{-5}	0.00×10^{0}	1.21×10^{-6}	4.11×10^{-6}	0.00×10^{0}	0.00×10^{0}
营口	4.10×10^{-4}	1.69×10^{-4}	2.40×10^{-4}	1.69×10^{-4}	2.40×10^{-4}	7.47×10^{-7}	9.30×10^{-5}	3.23×10^{-6}	1.99×10^{-6}	6.61×10^{-6}	8.54×10^{-5}	1.44×10^{-5}
盘锦	1.87×10^{-5}	1.93×10^{-5}	2.75×10^{-5}	1.93×10^{-5}	2.75×10^{-5}	0.00×10^{0}	1.84×10^{-5}	0.00×10^{0}	0.00×10^{0}	7.61×10^{-6}	1.51×10^{-5}	1.56×10^{-5}

4.4 环渤海北部地区典型POPs的健康风险表征

运用CLEA模型模拟得到各污染物的平均日暴露量后，就可根据污染物的致癌性质来计算它们的非致癌风险及致癌风险（Excess Lifetime Cancer Risk，ELCR），从而可以对场地污染物的风险进行评价。从表4-8可知，根据美国环保局化学物质致癌分类标准，在所研究的16种PAHs中，Baa、Bap、Bbf、Bkf、Chr、Daa、1lp等7种污染物被认为是"B2"－Probable human carcinogen"，Nap被认为是"C-Possible human carcinogen，but with inadequated data"，Any、Ani、BgP、Fla、Fle、Phe、Pyr等7种被认为是"D-Not classifiable as to human carcinogenicity"，而Ane的致癌性虽尚未确定"N= No data until now"，当前先归为非致癌类别对待。DDTs中p,p'-DDD、p,p'-DDE和p,p'-DDT 3种污染物被认为是"B2"，o,p'-DDT被划分为"N"；HCHs中α-HCH归为B2类，β-HCH、γ-HCH和δ-HCH分别被认定为"C""N"和"D"级别。因此，本研究对Baa、Bap、Bbf、Bkf、Chr、Daa、1lp、p,p'-DDD、p,p'-DDE、p,p'-DDT和α-HCH 11种污染物计算它们的致癌风险值，对Nap、Any、Ant、Bgp、Fla、Fle、Phe、Pyr、Ane、β-HCH、γ-HCH、δ-HCH和o,p'-DDT计算它们的非致癌风险，并衡量其危害指数。

鉴于在研究区域土壤表层中的非致癌风险物质的残留水平远低于前面计算出的SGVs，且计算出的危害指数最大值低于0.01，可以认为该区域的非致癌风险可以忽略不计，接下来重点讨论区域内致癌风险特征（ELCR）。

表4-8中列举了健康风险评价过程中用到的相关毒性数据，其中p,p'-DDD、p,p'-DDE、p,p'-DDT和α-HCH的致癌斜率因子来自Integrated Risk Information System（IRIS，2008）。

由于PAHs都是以混合物的形式存在，且其致癌作用机理相似，为了确定各个PAHs的毒性强弱，需要引入毒性当量因子TEF。通常以Bap为基准物质，设定TEF值为1，其他PAHs的TEF值通过与等量的 Bap 比较毒性大小而得出。Baa、Chr、Bbf、Bkf、Bap、Inp and DBA 的 TEF 值分别为 0.1、0.001、0.1、0.01、1、0.1 和 1。

Bap 经皮肤接触致癌斜率因子采用 Knafla 等的报道值 [SF_j = 25 mg/(kg·d)] (Knafla et al., 2006)。经口致癌斜率因子采用 USEPA 的建议值 [SF_0 = 7.3 mg/(kg·d)] (USEPA, 2007)。由于缺乏 Bap 的呼吸致癌斜率因子 (SF_i) 数据,本研究参考 USEPA 的建议,引入吸入单位致癌风险,利用下式计算 SF_i (USEPA, 1999):

$$SF_i = [IUR\ (\mu g/m^3)^{-1}] \times 70 \times 1\,000/(20\ m^3/d)$$

其中,IUR (Inhalation Unit Risk Factor) 的数值为 1.1×10^{-3} $(\mu g/m^3)^{-1}$。

表 4-8 健康风险评价的相关毒性数据

Table 4-8 Toxicological parameters used in health risk assessment

	参考剂量 [mg/(kg·d)]			致癌斜率因子 [mg/(kg·d)]			致癌性
	经口	呼吸	皮肤	经口	呼吸	皮肤	
Nap	2.00×10^{-2}	2.00×10^{-2}	2.00×10^{-2}				C
Any	6.00×10^{-2}	6.00×10^{-2}	—				D
Ane	6.00×10^{-2}	6.00×10^{-2}	1.86×10^{-2}				N
Fle	4.00×10^{-2}	4.00×10^{-2}	2.00×10^{-2}				D
Phe	6.00×10^{-2}	6.00×10^{-2}	0.00×10^{0}				D
Ant	3.00×10^{-1}	3.00×10^{-1}	2.28×10^{-1}				D
Fla	4.00×10^{-2}	4.00×10^{-2}	1.24×10^{-2}				D
Pyr	3.00×10^{-2}	3.00×10^{-2}	9.30×10^{-3}				D
Baa	2.00×10^{-4}	7.00×10^{-7}	0.00×10^{0}				B2
Chr	2.00×10^{-2}	7.00×10^{-5}	7.00×10^{-5}				B2
Bbf	2.00×10^{-4}	7.00×10^{-7}	—				B2
Bkf	2.00×10^{-3}	7.00×10^{-6}	—				B2
Bap	2.00×10^{-5}	7.00×10^{-8}	—	7.3ª	3.85	25	B2
Ilp	2.00×10^{-4}	7.00×10^{-7}	—				B2

（续表）

	参考剂量 [（mg/(kg·d)）]			致癌斜率因子 [mg/(kg·d)]			致癌性
	经口	呼吸	皮肤	经口	呼吸	皮肤	
Daa	2.00×10^{-5}	7.00×10^{-8}	—				B2
Bgp	2.00×10^{-3}	7.00×10^{-6}	—				D
α-HCH	5.00×10^{-4}	5.00×10^{-4}	5.00×10^{-4}	6.3^a	6.3	6.3	B2
β-HCH	2.00×10^{-4}	2.00×10^{-4}	2.00×10^{-4}	1.8^a	1.8	1.8	C
γ-HCH	3.00×10^{-4}	3.00×10^{-4}	3.00×10^{-4}	1.3	1.8	1.34	N
δ-HCH	—	—	—				D
p,p'-DDD	—	—	—	0.24^a	0.24	0.24	B2
p,p'-DDE	—	—	—	0.34^a	0.34	0.34	B2
p,p'-DDT	—	—	—	0.34^a	0.34	0.34	B2
o,p'-DDT	—	—	—				N
DDT	5.00×10^{-4}	5.00×10^{-4}	5.00×10^{-4}				

B2：极可能的人类致癌物；C：可能的人类致癌物；N：到目前为止没有数据；D：未归类为人类致癌因子

计算结果显示，环渤海北部地区表层土壤中POPs暴露的致癌风险最小值为1.14×10^{-6}，最大值为1.86×10^{-5}。涉及的8个地区之间，葫芦岛地区居民的致癌健康风险最大（1.06×10^{-5}），其次是丹东（7.35×10^{-6}）和大连（7.11×10^{-6}），致癌健康风险最小的地区是唐山（2.24×10^{-6}），其他几个区域依次为盘锦（6.76×10^{-6}）、锦州（5.00×10^{-6}）、秦皇岛（4.80×10^{-6}）和营口（2.75×10^{-6}）。这个次序与上节计算的环渤海北部地区表层土壤中总POPs日均暴露量的次序略有不同（葫芦岛>丹东>大连>营口>盘锦>秦皇岛>锦州>唐山），表现在盘锦由第5升为第4，锦州由第7升为第5和营口由第4降为第8的变动上。这表明，各区域中POPs组分的构成比例不同，POPs之间的毒性差异造成了位置的变更。

总POPs日均暴露量是将研究区域内几种POPs日均暴露量的直接加和，很大程度上取决于POPs在环境介质中的残留量，而没有考虑各种POPs间的毒性差异，从而模糊了对当地居民的健康风险。所以，在做风险评价工作时，不应只关注于污染物总量的高低，更应该关注污染物的组分构成尤其是高毒组分的比例。

三种物质PAHs、DDTs和HCHs对区域内总致癌风险的贡献率差异很大，其中PAHs的贡献率为37.4%~100%，其次为DDTs（0~62.4%），HCHs的致癌风险贡献率（0~0.5%）基本可以忽略不计。PAHs作为化石燃料不完全燃烧和其他有机物高温分解的产物，与快速城市化和工业化带来的大量燃煤和交通排放的增加密切相关，且在环境介质中的残留量呈增长趋势。除点位葫芦岛市HL4外，绝大部分点位DDT的致癌风险均低于1×10^{-6}，且该点的总致癌风险远高于其他点位1.16×10^{-5}，需要引起重视，判断是否有特殊的点源输入源。

美国环保局（USEPA-TBD，1996）将单一污染物或暴露途径的可接受致癌风险水平设定为1×10^{-6}（USEPA，1996b）。意大利（Decree No. 471/1999 of the Ministry of the Environment：Italian Ministry of the Environment，1999）关于污染土壤在技术上的规定：①ELCR < 1×10^{-6}，为没有风险或没有显著性风险，不需要采用修复措施；②ELCR > 1×10^{-4}，必须采取修复措施；③$1\times10^{-6}$ < ELCR < 1×10^{-4}，根据实际案例情况具体分析是否需要采取修复措施（Zakharova et al.，2002）。美国密苏里州、新墨西哥等州环保局在制订基于风险评估的土壤筛选值时，均采用致癌风险10^{-5}作为可接受风险水平；荷兰住房空间规划和环境部在制定基于健康风险评估的土壤标准时，以10^{-4}作为可接受致癌风险。综上分析，结合我国现阶段污染场地环境管理需求，推荐以10^{-6}致癌风险作为污染物（经所有暴露途径）的可接受致癌风险的一般水平，可接受的致癌风险水平上限为10^{-4}。若致癌风险小于10^{-6}，则认为是可以接受的，不用采取进一步的措施；若致癌风险大于10^{-4}，则认为是不可接受的，必须要采取相应的行动。本研究区域内的致癌风险处于1×10^{-6}~1×10^{-4}，风险较小，但需要关注污染物的变化趋势。

表 4-9 环渤海北部地区土壤 POPs 致癌风险值

Table 4-9 ELCR characterization of soil POPs for local residents in North Bohai Bay

	Baa	Chr	Bbf	Bkf	Bap	Ilp	Daa	α-HCH	p,p'-DDD	p,p'-DDE	p,p'-DDT	ELCR
丹东	6.69×10^{-7}	4.22×10^{-9}	1.03×10^{-6}	1.07×10^{-8}	4.35×10^{-6}	6.03×10^{-7}	3.82×10^{-7}	9.25×10^{-9}	5.21×10^{-8}	0.00×10^{0}	2.30×10^{-7}	7.35×10^{-6}
大连	5.24×10^{-7}	4.66×10^{-9}	1.21×10^{-6}	1.15×10^{-8}	4.17×10^{-6}	5.72×10^{-7}	2.73×10^{-7}	0.00×10^{0}	1.75×10^{-7}	0.00×10^{0}	1.63×10^{-7}	7.11×10^{-6}
葫芦岛	5.14×10^{-7}	5.88×10^{-9}	1.46×10^{-6}	2.16×10^{-8}	4.32×10^{-6}	7.68×10^{-7}	1.70×10^{-7}	2.38×10^{-8}	2.22×10^{-6}	0.00×10^{0}	1.06×10^{-6}	1.06×10^{-5}
锦州	1.90×10^{-7}	4.23×10^{-9}	3.32×10^{-8}	1.88×10^{-8}	2.42×10^{-6}	1.62×10^{-7}	2.23×10^{-6}	0.00×10^{0}	2.45×10^{-8}	0.00×10^{0}	6.62×10^{-8}	5.00×10^{-6}
秦皇岛	5.95×10^{-8}	3.12×10^{-9}	8.85×10^{-8}	1.50×10^{-8}	1.57×10^{-6}	2.52×10^{-7}	2.59×10^{-6}	0.00×10^{0}	4.24×10^{-8}	0.00×10^{0}	4.07×10^{-7}	4.80×10^{-6}
唐山	2.49×10^{-8}	1.71×10^{-9}	2.53×10^{-7}	3.64×10^{-9}	1.16×10^{-6}	2.96×10^{-7}	1.95×10^{-6}	0.00×10^{0}	0.00×10^{0}	0.00×10^{0}	8.46×10^{-8}	2.24×10^{-6}
营口	1.77×10^{-7}	1.46×10^{-9}	3.80×10^{-7}	5.33×10^{-9}	1.63×10^{-6}	2.57×10^{-7}	1.76×10^{-7}	0.00×10^{0}	2.29×10^{-8}	0.00×10^{0}	9.85×10^{-8}	2.75×10^{-6}
盘锦	3.96×10^{-7}	4.07×10^{-9}	9.47×10^{-8}	1.48×10^{-8}	3.66×10^{-6}	5.52×10^{-7}	2.27×10^{-7}	4.70×10^{-9}	3.69×10^{-8}	0.00×10^{0}	5.97×10^{-7}	6.76×10^{-6}

4.5 小结

(1) 对筛选出的 CLEA 模型进行修正以适用于环渤海北部地区，运用经参数修正的 CLEA 模型获取环渤海地区优控的 POPs 在不同土地利用类型及不同有机质含量下的土壤指导限值，并将所获得的 SGVs 与美国的 PRGS、SSLs 等进行了比较分析。

(2) 运用经参数修正的 CLEA 模型对环渤海北部地区土壤中 POPs 进行了健康风险评价，评价结果表明经口摄入是该区域敏感受体的主要暴露途径。

(3) 环渤海北部地区敏感受体 POPs 日均暴露量的范围为 $1.31 \times 10^{-3} \sim 1.26 \times 10^{-2}$ ng/(g·d)，平均值为 4.49×10^{-3} ng/(g·d)。不同区域按照居民的暴露程度从高到低排序为：葫芦岛>丹东>大连>营口>盘锦>秦皇岛>锦州>唐山。

(4) 污染物中，Nap 的总暴露量最大，而 α-HCH 的暴露量最小，最大暴露量与最小暴露量之间相差了 3 个数量级，这与它们的浓度差异基本一致，不同点位因 pH 值、有机质含量的差异对 POPs 暴露量有影响，但影响不大。

(5) 环渤海北部地区表层土壤中 POPs 暴露的致癌风险范围为 $1.14 \times 10^{-6} \sim 1.86 \times 10^{-5}$。不同区域按照居民的致癌健康风险从高到低排序为：葫芦岛>丹东>大连>盘锦>锦州>秦皇岛>营口>唐山。

工业区与非工业区健康风险及空间分布格局

本章以天津滨海新区和官厅水库地区作为典型工业区和非工业区的代表性区域，借助健康风险评价模型和 GIS 平台，对区域 POPs 健康风险进行模拟量化，探讨工业区和非工业区 POPs 暴露的健康风险特征和空间分异，分析区域功能定位、经济发展阶段、产业结构和历史残留等因素对 POPs 健康风险带来的影响，旨在为区域健康风险管理提供定量依据和数据支持。

5.1 居民健康风险表征

5.1.1 居民日均暴露量评价

作为中国的第 3 个经济增长极和工业密集区，天津滨海新区城镇化和工业化发展迅速。2006 年滨海新区工业产值达 5 200 亿元（是 1993 年的 51 倍），占天津全市工业比重达到 58.4%，而且其辖区内 3 个行政区的工业结构和工业发展水平各不相同。研究显示，滨海新区各环境介质中有较高的 PAHs 含量，土壤中最高浓度超过 5 000 ng/g（Wang et al., 2004）。从北到南依次由汉沽、塘沽和大港 3 个行政区构成，其中汉沽区和塘沽区均以海洋化工为主，主要分布在汉沽东南部的汉沽化工区和塘沽南部的塘沽化工区，如著名的天津碱厂、大沽化工厂都在塘沽化工区，但塘沽区的工业较汉沽区密集，且年代久远、设备陈旧；而大港区以石油化工为主体产业，主要分布在该区东南部。工业发展水平、主要产业的特色，使该地区成为研究工业化过程中环境污染的理想之地。

滨海新区土壤类型包括沙土、沙壤、壤土和黏土，pH 值为 7.17~8.31，有机质含量为 0.70%~23.04%，年平均气温为 13.6℃（国家统计局，2009），年平均风速为 1.8~3.2 m/s（中国气象数据共享服务网，2009）。选择儿童作为场地的敏感受体，暴露持续时间为 6 年，平均作用时间为 2 190 天。

滨海新区敏感受体日均暴露量如表 5-1 所示。日均暴露总量的范围为 2.12×10^{-3} ~ 5.15×10^{-1} ng/(g·d)，平均值为 2.80×10^{-2} ng/(g·d)，空间变异比较大。比较 22 种污染物暴露量的平均值，除 Any 的暴露量为 0 外，Nap 的总暴露量最大 [1.23×10^{-2} ng/(g·d)]，o,p'-DDT 的暴露量最小 [1.96×10^{-5} ng/(g·d)]，最大暴露量与最小暴露量之间相差了 3 个数量级，三大类污染物的暴露量比较，PAHs>HCHs>DDTs。

表 5-1 滨海新区敏感受体 POPs 日均暴露量

Table 5-1 The ADE of POPs for local residents in BHNA ng/(g·d)

项目	N	最小值	最大值	均值	中值	标准差
Nap	105	0.00×10^{0}	5.04×10^{-2}	1.23×10^{-2}	1.00×10^{-2}	1.08×10^{-2}
Ane	105	0.00×10^{0}	5.63×10^{-4}	3.10×10^{-5}	0.00×10^{0}	1.10×10^{-4}
Fle	105	0.00×10^{0}	1.23×10^{-3}	2.48×10^{-4}	1.93×10^{-4}	2.46×10^{-4}
Phe	105	0.00×10^{0}	1.08×10^{-2}	9.44×10^{-4}	5.64×10^{-4}	1.51×10^{-3}
Ant	105	0.00×10^{0}	3.00×10^{-3}	4.41×10^{-4}	2.48×10^{-4}	5.97×10^{-4}
Fla	105	0.00×10^{0}	4.23×10^{-3}	7.03×10^{-4}	4.78×10^{-4}	8.53×10^{-4}
Pyr	105	1.45×10^{-5}	5.77×10^{-3}	6.16×10^{-4}	3.52×10^{-4}	9.43×10^{-4}
Baa	105	0.00×10^{0}	6.60×10^{-3}	5.26×10^{-4}	1.09×10^{-4}	1.17×10^{-3}
Chr	105	3.22×10^{-5}	6.03×10^{-3}	7.57×10^{-4}	3.70×10^{-4}	1.02×10^{-3}
Bbf	105	0.00×10^{0}	5.94×10^{-3}	7.89×10^{-4}	3.89×10^{-4}	1.08×10^{-3}
Bkf	105	0.00×10^{0}	9.26×10^{-3}	6.37×10^{-4}	1.78×10^{-4}	1.39×10^{-3}
Bap	105	0.00×10^{0}	4.24×10^{-3}	6.42×10^{-4}	2.39×10^{-4}	8.43×10^{-4}
Ilp	105	0.00×10^{0}	4.99×10^{-3}	6.71×10^{-4}	2.86×10^{-4}	8.74×10^{-4}
Daa	105	0.00×10^{0}	2.46×10^{-3}	4.09×10^{-4}	7.98×10^{-6}	6.23×10^{-4}

（续表）

项目	N	最小值	最大值	均值	中值	标准差
Bgp	105	0.00×10^{0}	1.01×10^{-2}	8.34×10^{-4}	2.47×10^{-4}	1.47×10^{-3}
T_PAHs	105	1.20×10^{-3}	1.00×10^{-1}	2.06×10^{-2}	1.63×10^{-2}	1.70×10^{-2}
α-HCH	105	0.00×10^{0}	1.48×10^{-2}	3.33×10^{-4}	0.00×10^{0}	1.93×10^{-3}
β-HCH	105	0.00×10^{0}	1.34×10^{-3}	5.86×10^{-5}	2.35×10^{-5}	1.60×10^{-4}
γ-HCH	105	0.00×10^{0}	4.95×10^{-1}	6.28×10^{-3}	2.77×10^{-4}	4.83×10^{-2}
δ-HCH	105	0.00×10^{0}	9.58×10^{-3}	9.51×10^{-5}	0.00×10^{0}	9.35×10^{-4}
p,p'-DDE	105	0.00×10^{0}	3.49×10^{-3}	1.63×10^{-4}	1.60×10^{-5}	5.30×10^{-4}
p,p'-DDD	105	0.00×10^{0}	1.60×10^{-2}	3.45×10^{-4}	0.00×10^{0}	1.91×10^{-3}
o,p'-DDT	105	0.00×10^{0}	5.49×10^{-4}	1.96×10^{-5}	0.00×10^{0}	7.11×10^{-5}
p,p'-DDT	105	0.00×10^{0}	1.42×10^{-2}	9.52×10^{-5}	0.00×10^{0}	2.30×10^{-4}
T_DDT	105	0.00×10^{0}	2.04×10^{-2}	6.23×10^{-4}	4.46×10^{-5}	2.52×10^{-3}
T_HCH	105	0.00×10^{0}	5.10×10^{-1}	6.77×10^{-3}	3.58×10^{-4}	4.98×10^{-2}

官厅水库是北京市两个最重要的水源地之一。官厅水库周边地区多为人工耕作植被，陡峭的山体仍有次生林灌木存在，农业利用植被主要有：果树、蔬菜、玉米、小麦、大豆等。水库东西两边（即靠近怀来县和延庆县）的农业利用强度较大，但是，随着工农业的发展，来自上游大量的点源和非点源污染使官厅水库水质受到严重污染，于1997年退出首都饮用水供水系统，但是经过近几年的工程改造和污染治理，官厅水库水质已有明显的改善，北京市政规划中强调官厅水库将于2010年重新启用饮用水的供应。近年来围绕官厅水库水体质量开展了大量研究，其中包括PAHs的污染研究（Shi et al., 2005；Wu et al., 2006；段永红等，2005），但有关其周边土壤中PAHs污染特征仍缺少研究。

官厅水库周边土壤类型包括沙土、沙壤和壤土，pH值为7.52~8.30，有机质含量为0.34%~5.5%，年平均气温为14 ℃（国家统计局，2009），年平均风速为1.8~3.3 m/s（中国气象数据共享服务网，2009）。

官厅水库敏感受体日均暴露量如表 5-2 所示。日均暴露总量的范围为 $8.46\times10^{-4} \sim 4.94\times10^{-2}$ ng/(g·d)，几何均值为 4.83×10^{-3} ng/(g·d)。比较污染物暴露量的平均值，22 种污染物中，Phe 的总暴露量

表 5-2　官厅水库敏感受体 POPs 日均暴露量

Table 5-2　The ADE of POPs for local residents in GTR

[ng/(g·d)]

项目	N	最小值	最大值	均值	中值	标准差
Nap	55	9.72×10^{-6}	1.90×10^{-3}	7.41×10^{-5}	1.72×10^{-4}	2.91×10^{-4}
Any	55	1.27×10^{-5}	1.56×10^{-4}	1.27×10^{-5}	1.53×10^{-5}	1.93×10^{-5}
Ane	55	1.04×10^{-6}	6.38×10^{-4}	1.35×10^{-5}	2.44×10^{-5}	8.43×10^{-5}
Fle	55	7.56×10^{-6}	2.89×10^{-3}	9.16×10^{-5}	1.81×10^{-4}	3.92×10^{-4}
Phe	55	1.27×10^{-5}	4.68×10^{-3}	8.24×10^{-4}	1.05×10^{-3}	9.57×10^{-4}
Ant	55	2.04×10^{-6}	3.87×10^{-3}	2.29×10^{-5}	1.58×10^{-4}	5.78×10^{-4}
Fla	55	2.15×10^{-5}	1.95×10^{-3}	1.91×10^{-4}	2.62×10^{-4}	3.09×10^{-4}
Pyr	55	6.32×10^{-5}	3.90×10^{-3}	3.26×10^{-4}	4.68×10^{-4}	5.98×10^{-4}
Baa	55	5.14×10^{-5}	4.65×10^{-3}	2.32×10^{-4}	4.24×10^{-4}	6.72×10^{-4}
Chr	55	9.90×10^{-5}	5.62×10^{-3}	3.56×10^{-4}	6.51×10^{-4}	9.70×10^{-4}
Bbf	55	6.85×10^{-5}	1.94×10^{-3}	2.21×10^{-4}	3.50×10^{-4}	3.75×10^{-4}
Bkf	55	2.39×10^{-5}	3.84×10^{-3}	9.95×10^{-5}	2.05×10^{-4}	5.13×10^{-4}
Bap	55	5.26×10^{-5}	4.61×10^{-3}	2.03×10^{-4}	3.75×10^{-4}	6.42×10^{-4}
Ilp	55	4.08×10^{-5}	4.67×10^{-3}	4.65×10^{-5}	1.31×10^{-4}	6.23×10^{-4}
Daa	55	3.83×10^{-6}	2.57×10^{-3}	3.62×10^{-5}	9.27×10^{-5}	3.43×10^{-4}
Bgp	55	3.66×10^{-5}	2.09×10^{-3}	1.14×10^{-4}	2.13×10^{-4}	3.07×10^{-4}
T_PAHs	55	8.46×10^{-4}	4.89×10^{-2}	3.07×10^{-3}	4.77×10^{-3}	6.93×10^{-3}
α-HCH	55	0.00×10^{0}	5.51×10^{-6}	0.00×10^{0}	3.11×10^{-7}	9.68×10^{-7}
β-HCH	55	0.00×10^{0}	1.23×10^{-4}	3.08×10^{-6}	6.15×10^{-6}	1.66×10^{-5}
γ-HCH	55	0.00×10^{0}	1.47×10^{-6}	0.00×10^{0}	4.98×10^{-8}	2.60×10^{-7}
δ-HCH	55	0.00×10^{0}	3.01×10^{-6}	0.00×10^{0}	1.73×10^{-7}	6.42×10^{-7}
p,p'-DDE	55	0.00×10^{0}	4.71×10^{-4}	3.36×10^{-6}	4.53×10^{-5}	1.02×10^{-4}
p,p'-DDD	55	0.00×10^{0}	8.18×10^{-5}	0.00×10^{0}	6.44×10^{-6}	1.48×10^{-5}
o,p'-DDT	55	0.00×10^{0}	2.99×10^{-5}	0.00×10^{0}	7.57×10^{-7}	4.15×10^{-6}
o,p'-DDT	55	0.00×10^{0}	6.18×10^{-5}	0.00×10^{0}	4.55×10^{-6}	1.13×10^{-5}
T_DDT	55	0.00×10^{0}	5.47×10^{-4}	4.96×10^{-6}	5.70×10^{-5}	1.17×10^{-4}
T_HCH	55	0.00×10^{0}	1.30×10^{-4}	3.12×10^{-6}	6.68×10^{-6}	1.76×10^{-5}

最大 [$1.05×10^{-3}$ ng/(g·d)],而 γ-HCH 的暴露量最小 [$4.98×10^{-8}$ ng/(g·d)],最大暴露量与最小暴露量之间相差了 5 个数量级,变异范围比较大。三大类污染物的暴露量比较,PAHs>DDTs>HCHs。

5.1.2 居民健康风险差异

基于前面介绍的风险计算方法,综合 CLEA 模型模拟得到的各污染物的日均暴露量和污染物的毒性数据,计算其非致癌风险及致癌风险,从而对场地污染物的风险进行评价(表5-3)。

表 5-3 滨海新区和官厅水库敏感受体非致癌风险 HI 描述

Table 5-3　Statistics of HI for local residents in BHNA and GTR

项目	N	均值	最小值	最大值	中值	标准差
滨海新区	105	$2.44×10^{-3}$	$1.73×10^{-4}$	$1.39×10^{0}$	$2.10×10^{-2}$	$1.36×10^{-1}$
官厅水库地区	56	$4.45×10^{-4}$	$7.19×10^{-5}$	$4.73×10^{-3}$	$6.40×10^{-4}$	$7.06×10^{-4}$

通过计算风险指数 HI(暴露造成的日摄入量与参考剂量 RfD 的比值)表征非致癌风险,评价标准为如果可接受的摄入量等于参考剂量,即 HI 小于或等于 1.0,那么根据定义,风险指数是可以接受的。

滨海新区和官厅水库敏感受体非致癌风险 HI 的统计值见图 5-1。滨

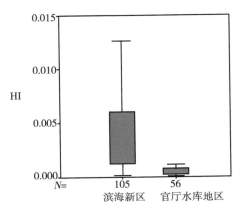

图 5-1　滨海新区和官厅水库敏感受体非致癌风险 HI 箱形图

Fig. 5-1　Box-plot Charts of HI for local residents in BHNA and GTR

海新区土壤表层中的POPs的非致癌风险水平处于1.73×10^{-4}~1.39×10^{0}，几何均值为2.10×10^{-2}。接下来重点讨论滨海新区和官厅水库区域内敏感受体的致癌风险特征，描述性统计见表5-4和表5-5。

如前所述，推荐以1×10^{-6}致癌风险作为污染物（经所有暴露途径）的可接受致癌风险的一般水平，可接受的癌症风险水平上限为1×10^{-4}。若致癌风险小于1×10^{-6}，则认为是可以接受的，不用采取进一步的措施；若致癌风险大于1×10^{-4}，则认为是不可接受的，必须要采取相应的行动；若致癌风险处于1×10^{-6}~1×10^{-4}，具体案例具体分析，但需要关注污染物的变化趋势。

表5-4 滨海新区居民的致癌风险表征
Table 5-4 ELCR characterization for local residents in BHNA

项目	N	最小值	最大值	均值	标准差
Baa	105	0.00	8.89×10^{-6}	7.07×10^{-7}	1.58×10^{-6}
Chr	105	0.00	8.10×10^{-8}	1.01×10^{-8}	1.38×10^{-8}
Bbf	105	0.00	8.01×10^{-6}	1.06×10^{-6}	1.46×10^{-6}
Bkf	105	0.00	1.25×10^{-6}	8.59×10^{-8}	1.88×10^{-7}
Bap	105	0.00	5.71×10^{-5}	8.64×10^{-6}	1.14×10^{-5}
Ilp	105	0.00	6.73×10^{-6}	9.05×10^{-7}	1.18×10^{-6}
Daa	105	0.00	3.32×10^{-5}	5.51×10^{-6}	8.40×10^{-6}
T_PAHs	105	8.80×10^{-8}	1.15×10^{-4}	1.69×10^{-5}	2.21×10^{-5}
α-HCH	105	0.00	9.31×10^{-5}	2.10×10^{-6}	1.22×10^{-5}
p,p'-DDD	105	0.00	1.95×10^{-5}	9.09×10^{-7}	2.96×10^{-6}
p,p'-DDE	105	0.00	0.00	0.00	0.00
p,p'-DDT	105	0.00	7.94×10^{-6}	5.33×10^{-7}	1.29×10^{-6}
T_DDTs	105	0.00	2.36×10^{-5}	1.44×10^{-6}	4.05×10^{-6}
T_HCHs	105	0.00	9.31×10^{-5}	2.10×10^{-6}	1.22×10^{-5}
T_OCPs	105	0.00	9.36×10^{-5}	3.54×10^{-6}	1.29×10^{-5}
ELCR	105	2.76×10^{-7}	1.30×10^{-4}	2.05×10^{-5}	2.69×10^{-5}

滨海新区居民的致癌风险最小值为2.76×10^{-7}，最大值为1.30×10^{-4}，几何均值为2.05×10^{-5}，数值范围跨度比较大。按照可接受的致

癌风险水平划分，50.5%的区域致癌风险低于1×10^{-6}，46.7%的区域内致癌风险处于$1\times10^{-6}\sim1\times10^{-4}$，2.9%的区域致癌风险高于$1\times10^{-4}$。

官厅水库居民的致癌风险最小值为1.23×10^{-6}，最大值1.15×10^{-4}，几何均值为7.83×10^{-6}，数值范围跨度比较大。按照可接受的致癌风险水平划分，83.9%的区域致癌风险低于1×10^{-6}，14.3%的区域内致癌风险处于$1\times10^{-6}\sim1\times10^{-4}$，1.8%的区域致癌风险高于$1\times10^{-4}$。

表5-5 官厅水库居民致癌风险表征

Table 5-5 ELCR characterization for local residents in GTR

项目	N	最小值	最大值	均值	标准差
Baa	56	7.00×10^{-8}	6.25×10^{-6}	5.71×10^{-7}	8.96×10^{-7}
Chr	56	0.00	8.00×10^{-8}	8.04×10^{-9}	1.39×10^{-8}
Bbf	56	9.00×10^{-8}	2.61×10^{-6}	4.72×10^{-7}	5.01×10^{-7}
Bkf	56	0.00	5.20×10^{-7}	2.77×10^{-8}	6.90×10^{-8}
Bap	56	7.10×10^{-7}	6.22×10^{-5}	5.05×10^{-6}	8.58×10^{-6}
Ilp	56	6.00×10^{-8}	6.29×10^{-6}	1.75×10^{-7}	8.32×10^{-7}
Daa	56	5.00×10^{-8}	3.46×10^{-5}	1.25×10^{-6}	4.57×10^{-6}
T_PAHs	56	1.21×10^{-6}	1.13×10^{-4}	7.56×10^{-6}	1.52×10^{-5}
α-HCH	56	0.00	3.00×10^{-8}	1.79×10^{-9}	5.43×10^{-9}
p,p'-DDD	56	0.00	2.63×10^{-6}	2.48×10^{-7}	5.65×10^{-7}
p,p'-DDE	56	0.00	0.00	0.00	0.00
p,p'-DDT	56	0.00	3.50×10^{-7}	2.50×10^{-8}	6.30×10^{-8}
T_DDTs	56	0.00	2.74×10^{-6}	2.74×10^{-7}	5.83×10^{-7}
T_HCHs	56	0.00	3.00×10^{-8}	1.79×10^{-9}	5.43×10^{-9}
T_OCPs	56	0.00	2.75×10^{-6}	2.75×10^{-7}	5.86×10^{-7}
ELCR	56	1.23×10^{-6}	1.15×10^{-4}	7.83×10^{-6}	1.54×10^{-5}

工业区与非工业区居民致癌风险频次分析显示（图5-2），两个地区居民POPs暴露引起的致癌风险中值均处在$1\times10^{-6}\sim1\times10^{-4}$，但滨海新区居民POPs致癌风险均值显著高于官厅水库居民，平均高出2.6倍。滨海新区居民的致癌风险值跨度比较大，处在$2.76\times10^{-7}\sim6.76\times10^{-5}$范围，空间分异严重，官厅水库居民的致癌风险值集中在$1\times10^{-6}\sim$

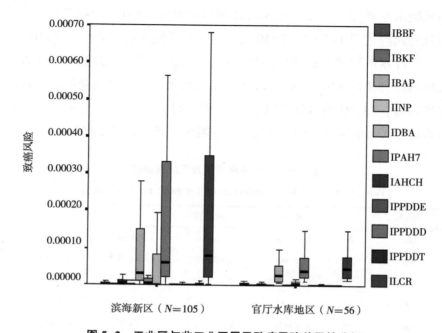

图 5-2 工业区与非工业区居民致癌风险差异性分析

Fig. 5-2 The difference of ELCR for local residents living in industrial area and non-industrial area

1.56×10^{-5}。两个区域的最大散点值比较接近，分别为 1.30×10^{-4} 和 1.14×10^{-4}。

5.1.3 污染物的风险贡献度

区域层面复合污染的诊断识别是进行区域风险管理的依据，评价确定主要污染源和主要污染物是针对造成污染的来源和途径，开展多方面防治途径研究的关键性的步骤之一，是区域污染综合防治的一个重要方面。

图 5-3 分析了滨海新区和官厅水库不同 POPs 污染物的风险贡献度，有助于进一步确定区域内的主要污染物。首先按照 PAHs、DDTs 和 HCHs 大类来分，滨海新区内 PAHs 是最主要污染物，致癌风险贡献度为 82.6%；其次为 HCHs，贡献率为 10.2%，DDTs 比重最小为 7.0%。官厅水库周边土壤中 PAHs 是最主要污染物，贡献度为 96.6%；其次为 DDTs，贡献率为 3.5%；HCHs 致癌风险贡献度为

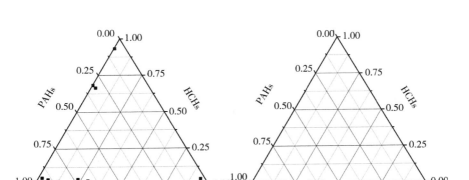

图 5-3 滨海新区（左）和官厅水库（右）各点位污染物致癌风险贡献比
Fig. 5-3 ELCR contribution of three chemicals in every sampling sites in BHNA and GTR

0.02%（α-HCH 的最大致癌风险为 3×10^{-8}）。

就单个污染物组分致癌风险分析如图 5-4 所示，滨海新区表层土壤中污染物的次序为 Bap 占据第一位（42.2%），其次为 Dba（26.9%）>α-HCH（10.2%）>Bbf（5.2%），接下来为 Inp（4.4%）>p,p'-DDE（4.4%）>Baa（3.5%）>p,p'-DDT（2.6%）>Bkf（0.4%），剩余两个 Chr 和 p,p'-DDD 的贡献度为 0。官厅水库周边表层土壤中污染物的次序为：Bap 占据第一位（64.5%），其次为 Dba（15.9%）>Baa（7.3%）>Bbf（6%），前四位污染物的累积贡献度达到 93.7%，为区域内的主要污染物，接下来为 p,p'-DDE（3.2%）>Inp（2.2%）>Bkf（0.4%）>p,p'-DDT 0.3%）>Chr（0.1%），剩余两个 α-HCH 和 p,p'-DDD 的贡献度为 0。

5.2 居民和工人的健康风险分析

用地方式决定了可能影响到的敏感人群、人群的活动模式、人群暴露于场地土壤污染物的方式（即主要暴露途径）。根据具体国情和管理需要，不同的国家有不同的规定。这里采用 GB/T 21010—2007 的分类方式，工商业用地指用于商业、服务业和工业的土地，包括商场、

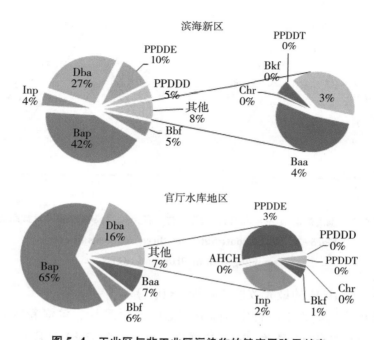

图 5-4 工业区与非工业区污染物的健康风险贡献度

Fig. 5-4 ELCR proportions of target chemicals in industrial area and non-industrial area

超市等各类批发（零售）用地及其附属用地，宾馆、酒店等住宿餐饮用地，办公场所、金融活动等商务用地，洗车场、加油站、展览场馆等其他商服用地，以及工业生产场所、工业生产附属设施用地、物资储备场所、物资中转场所等。

在前期的社会调研中，发现滨海新区工业区和周边地区之间并没有明显的界限，居民分散居住在整个区域，包括工业区，但其活动行为模式与普通居民基本相同。为了比较同一地块上不同行为模式对受体暴露POPs的影响，对三个工业区普通居民和工人暴露POPs的差异性进行分析。

选择成年女性（16~55岁）工人作为场地的敏感受体，暴露持续时间为49年，平均作用时间为17 885天。运用修正后的CLEA模型定量描述汉沽化工区、塘沽化工区和大港东南部采油区附近工人暴露POPs的健康风险，并比较人群的活动模式对工人和普通居民的影响。

该场地土壤类型为壤土和黏土，pH 值为 7.01~8.55，有机质含量为 1.20%~23.0%，年平均气温为 5.1~10.8 ℃（国家统计局，2009），年平均风速为 2.8~4.8 m/s（中国气象数据共享服务网，2009）。

如表 5-6 所示，工业场所敏感受体暴露 POPs 的致癌风险最小值为 9.31×10^{-8}，最大值为 5.36×10^{-6}，几何均值为 1.55×10^{-6}，数值范围跨度比较大。按照可接受的致癌风险水平划分，19.0% 的区域致癌风险低于 1×10^{-6}，81.0% 的区域内致癌风险处于 $1 \times 10^{-6} \sim 1 \times 10^{-4}$，不存在致癌险风高于 1×10^{-4} 的区域。

表 5-6 工业场所敏感受体暴露 POPs 的致癌风险表征
Table 5-6 ELCR characterization of soil POPs for workers

项目	N	最小值	最大值	均值	标准差
Baa	21	0.00	3.51×10^{-7}	5.46×10^{-8}	9.12×10^{-8}
Chr	21	7.42×10^{-11}	3.23×10^{-9}	7.19×10^{-10}	7.23×10^{-10}
Bbf	21	0.00	3.16×10^{-7}	8.66×10^{-8}	8.65×10^{-8}
Bkf	21	0.00	4.97×10^{-8}	7.56×10^{-9}	1.15×10^{-8}
Bap	21	0.00	2.27×10^{-6}	6.46×10^{-7}	6.05×10^{-7}
Ilp	21	5.63×10^{-9}	2.68×10^{-7}	7.06×10^{-8}	6.04×10^{-8}
Daa	21	0.00	1.32×10^{-6}	3.91×10^{-7}	3.78×10^{-7}
T_PAHs	21	8.46×10^{-8}	4.49×10^{-6}	1.26×10^{-6}	1.12×10^{-6}
α-HCH	21	0.00	3.86×10^{-6}	2.05×10^{-7}	8.38×10^{-7}
p,p'-DDD	21	0.00	5.49×10^{-8}	7.88×10^{-9}	1.46×10^{-8}
p,p'-DDE	21	0.00	5.44×10^{-6}	3.56×10^{-7}	1.20×10^{-6}
p,p'-DDT	21	0.00	4.57×10^{-7}	7.60×10^{-8}	1.12×10^{-7}
T_DDTs	21	0.00	4.98×10^{-7}	8.39×10^{-8}	1.25×10^{-7}
T_HCHs	21	0.00	3.86×10^{-6}	2.05×10^{-7}	8.38×10^{-7}
T_OCPs	21	0.00	3.95×10^{-6}	2.89×10^{-7}	8.50×10^{-7}
ELCR	21	9.31×10^{-8}	5.38×10^{-6}	1.55×10^{-6}	1.45×10^{-6}

如图 5-5 所示，工业区内居民暴露 POPs 的致癌风险最小值为

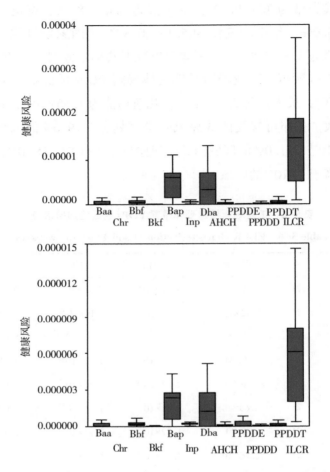

图 5-5 工业区工人（上）和普通居民（下）暴露 POPs 健康风险差异
Fig. 5-5 Difference of ELCR between workers and general residents in industrial area

$3.56×10^{-7}$，最大值为 $1.95×10^{-5}$，几何均值为 $6.36×10^{-6}$。在数值上，工业区内普通居民来自土壤的 POPs 暴露风险要高于工人 3.61~5.33 倍。从生理参数上分析，受体成年女性的部分生理参数，身高、体重和呼吸频次均相同，但皮肤附着因子，室内室外暴露于土壤的皮肤面积存在差异，从行为模式上分析，土壤的吞食率和室内室外的暴露频率等因素的不同造成了最终致癌风险的差异。

5.3 健康风险空间分布格局

为了更加形象直观地展示研究区敏感受体的POPs暴露风险的空间分布状况，用一般克里格插值法（ArcGIS 9.0）构造了滨海新区和官厅水库儿童致癌风险的空间分布图（图5-6）。

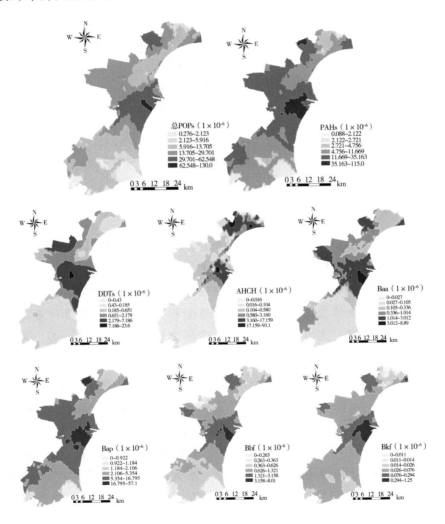

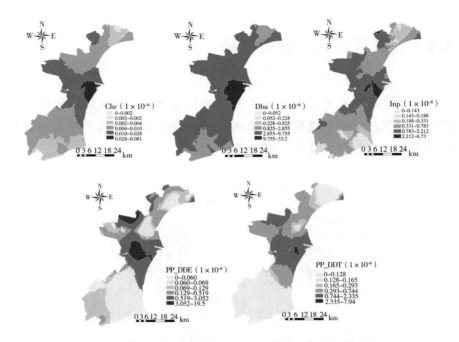

图 5-6 滨海新区居民暴露 POPs 的健康风险空间格局示意图
Fig. 5-6 Spatial distribution of ELCR for local residents in BHNA

从图 5-6 可以直观地看出滨海新区居民暴露 PAHs 的健康风险空间格局。按照三个行政区划分，总体上表现为，塘沽区＞汉沽区＞大港区，这与三个区域的产业结构有直接关系。首先是塘沽区是天津滨海区的重要工业基地，制盐、化工、造船和石油等工业在其产业结构中占有主导地位，这里有多个以煤为主要燃料的大型化工企业，而且历史比较悠久，设备相对陈旧，尚缺乏减排 PAHs 的有效技术措施，如建于 1917 年的我国烧碱行业摇篮的天津碱厂和始建于 1939 年的天津大沽化工厂，已经对周边环境产生明显污染，这些都是 PAHs 的重要潜在污染来源。其次是汉沽区，该化工区虽然也以化工企业为主导，但自建设之初（1996 年）就采取了一系列环保技术措施，如污水处理、垃圾集中处理和尾气排放处理等。而大港区一方面因为农用面积比较大，没有显著的 PAHs 来源，另一方面大港采油区主要贡献低环 PAHs，而产生致癌风险的 PAHs 均为高环。

同样，滨海新区居民暴露 DDTs 的健康风险依次为塘沽区＞汉沽区>大港区，这与历史上化工厂的 DDTs 生产对周围环境的影响有关。居民暴露 DDTs 风险最高的区域在大沽化工厂附近，而风险分布的趋势是随着与大沽化工厂距离的增加逐渐降低。

整体上讲，滨海新区居民暴露 HCHs 的健康风险从东北部到西南部逐渐降低，浓度最高的区域在汉沽区的东北部（靠近渤海的区域），大沽化工厂附近区域 HCHs 浓度也相对较高。远离工业区的大港区居民暴露 DDTs 和 HCHs 的风险都是最低的，且 DDTs 的残留主要来源于历史使用（Wang et al., 2009a）。

居民暴露 POPs 的健康风险空间格局显示，工业区附近健康风险远高于其他区域。为分析工业区对居民健康风险的影响，表 5-7 比较了三个工业区：塘沽工业区、汉沽工业区、大港采油区和其他区域居民的健康风险差异。Kruskal-Wallis 检验显示三个工业区之间 Sig.<0.01，存在显著性差异。Mann-Witney 检验显示大沽化工区 PAHs、DDTs 和 HCHs 的暴露风险显著高于远离大沽化工区（大化）的区域，这表明对周围环境的 PAHs、DDTs 和 HCHs 残留都有较大的影响。同时也表明相比整个研究区附近有较多的 PAHs 和工业 HCH 来源，大化使用 HCH 无效体生产 HCB 也可能是导致附近 α-HCH 风险较高的原因。汉沽化工区 HCHs 和 PAHs 暴露风险与周边区域有显著差异，DDTs 暴露风险的差异不显著，表明历史上 DDTs 的生产对 DDTs 在土壤中的残留风险已无显著影响。大港采油区无论 PAHs、DDTs 还是 HCHs 暴露风险均与其他区域无显著性差异。

表 5-7 化工区和非化工区居民健康风险差异性分析

Table 5-7 Comparison of ELCR between inside each chemical industrial park and sites classified as farther away

残留物	Kruskal-Wallis 检验	Mann-Whitney 检验		
		汉沽与其他	大沽与其他	大港与其他
α-HCH	0.000	0.005	0.000	0.310
HCH	0.000	0.008	0.000	0.699
p,p'-DDD	0.000	0.848	0.000	1.000
p,p'-DDT	0.000	0.040	0.000	0.123
p,p'-DDE	0.000	0.013	0.000	0.899
DDT	0.000	0.026	0.000	0.781

(续表)

残留物	Kruskal-Wallis 检验	Mann-Whitney 检验		
		汉沽与其他	大沽与其他	大港与其他
PAHs	0.000	0.001	0.000	0.555
Total	0.000	0.001	0.000	0.585

注：在0.01水平差异显著

从图5-7可以直观地看出官厅水库地区PAHs暴露风险高值区分布在水库西北边的怀来县城附近，最高值分布在GT-54老君庄南，怀来县城工业区附近，且超过1×10^{-4}，表明此处土壤中PAHs累积已明显受到工业点源PAHs排放的影响。中值区主要分布在怀来的农业耕作区。低值区主要分布在库区东北部和中南部。

官厅水库地区DDTs暴露致癌风险整体较小，绝大部分区域低于1×10^{-6}，健康风险的最大值为2.74×10^{-6}。致癌风险超过1×10^{-6}的区域主要分布在怀来钢铁厂、北辛堡、火烧营、焦庄和月亮湾园艺场。

官厅水库地区HCHs暴露致癌风险全部低于1×10^{-6}，风险很小，在此不做讨论。

由于官厅水库地区PAHs的致癌风险贡献度达96.6%，所以POPs

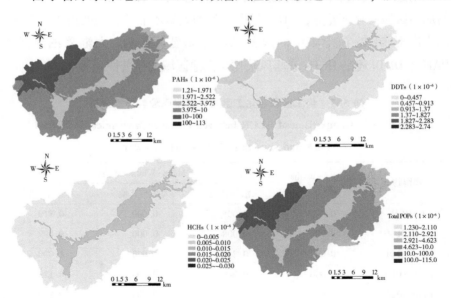

5 工业区与非工业区健康风险及空间分布格局

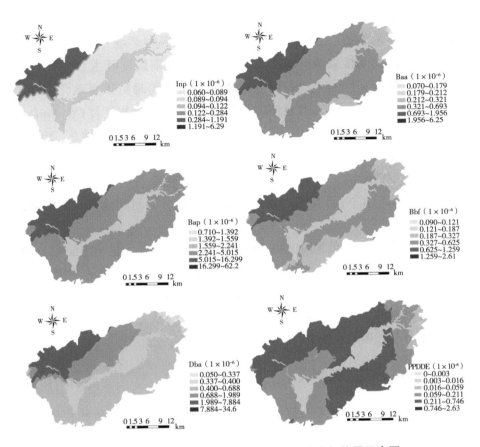

图 5-7 官厅水库居民暴露 POPs 的健康风险空间格局示意图
Fig. 5-7 Spatial distribution of ELCR for local residents in GTR

暴露总的致癌风险空间格局受 PAHs 致癌风险格局主导，同样表现出风险高值区分布在水库西北边的怀来县城附近，中值区主要分布在怀来的农业耕作区，低值区主要分布在库区东北部和中南部。

5.4 主要风险源识别

5.4.1 DDTs 和 HCHs 的主要风险源

环境中 DDTs 的直接来源包括工业 DDT 和三氯杀螨醇的生产和使

用，环境中HCHs直接来源包括工业HCH和林丹的生产和使用。而释放到环境中的DDTs和HCHs通过大气、水等各种环境介质迁移，构成了一些地区的间接来源，DDT在土壤中的半衰期最长可达15年。

鉴于滨海新区的土地利用方式较为复杂，同时由于当地化工业发达而且历史悠久，导致当地环境介质的有机氯来源非常复杂。结合汪光等（2009b）的研究，得出结论：大沽化工区对附近地区DDT和HCH残留影响较大，而汉沽化工区对附近地区α-HCH和p,p'-DDT残留有一定的影响，对其他有机氯残留影响较小。除了污染场地的源效应，土壤TOC对研究区DDT分布影响较大，同时当地有一定的新的林丹来源。

官厅水库由于库北地区在20世纪70年代曾有大量HCHs和DDTs使用，用于防治当地泛滥的虫害，可能是造成较高残留的主要原因，另外，近几年该地区仍有三氯杀螨醇等新污染源的输入，同时中部北新堡镇和西部老怀来县城交通运输频繁、人口及工农业密集对这些区域的相对高残留有所贡献（金广远等，2010）。

5.4.2 PAHs风险源辨识

为考察环渤海地区土壤中PAHs主要来源，运用非负约束因子分析方法，运算主要经过以下几个步骤：

（1）将数据标准化，并进行因子分解，得到因子载荷矩阵C和因子得分矩阵R。

（2）因子旋转，本研究对因子进行非负约束条件下的斜交旋转，直到满足收敛条件（因子载荷矩阵的负值元素的平方和小于0.0001）。

（3）对因子载荷和因子得分进行标准化处理。

为了确定遴选出的因子所代表的具体的PAHs来源类型，引入一个相似性比较的判据SS，比较因子载荷与不同来源的PAHs指纹谱图的相似程度（Tian et al.，2008）：

$$SS = \sum_{j=1}^{l} \sum_{i=1}^{m} (\hat{C}_{ik} - C_{ij})^2$$

其中，$\hat{C}_{ik}$（$k=1,2,\cdots,p$）和C_{ij}（$j=1,2,\cdots,q$）分别是非负约束因子所得每种PAHs的比值和指纹谱图中相对应PAHs的比

值，p 和 q 分别是因子载荷个数和 PAHs 源个数，l 为实测和文献报道的 PAHs 污染源成分谱数目，m 是化合物的数目。SS 的值越小，说明模型推断的 PAHs 指纹谱与实测的 PAHs 特征污染源指纹谱越相似，即可判定模型结果是哪种 PAHs 污染类型。引入了 8 种典型的 PAHs 来源类型（Li et al.，2003），包括 5 种燃煤相关的源（发电厂、民用燃煤、焦炭生产和使用、燃煤综合源和燃煤锅炉），4 种燃油相关的源（汽油车排放、柴油车排放、交通隧道和交通综合源）和生物质燃烧。

运用非负因子分析方法识别其来源，要求方差的累积贡献率 $G(r) \geq 80\%$，并选因子载荷大于 0.7 为显著载荷。滨海新区提取三个因子载荷，其累积贡献率为 83.1%，官厅水库地区提取两个因子载荷，其累积贡献率为 94.3%，可以认为提取的因子载荷可以代表研究区域。

表 5-8 滨海新区因子载荷对应于 8 种 PAHs 源的 SS 值

Table 5-8 Sum squares of the differences (SS) for candidate PAH source profiles in BHNA

项目	发电厂	居民	焦炭锅炉	燃煤综合	汽油	柴油	交通综合	交通隧道	生物质	燃煤锅炉
载荷一	0.053	0.113	0.019	0.032	0.067	0.09	0.021	0.041	0.065	0.026
载荷二	0.052	0.11	0.019	0.03	0.067	0.087	0.027	0.04	0.064	0.026
载荷三	0.072	0.151	0.03	0.052	0.072	0.116	0.029	0.059	0.081	0.029

滨海新区载荷一的方差贡献率为 54.9%，高环的 Pyr、Baa、Chr、Bap、Bbf 和 Bkf 等都具有较高的载荷，表 5-8 显示的因子载荷对应于 8 种 PAHs 源中焦炭锅炉的 SS 值最小，我们判断为焦炭燃烧的贡献。载荷二的方差贡献率为 18.6%，因子载荷对应的 PAHs 源中焦炭锅炉和燃煤锅炉的 SS 相对较小，判断为工业燃煤源。载荷三的方差贡献率为 9.7%，为交通综合源。基于非负约束因子得分分析可以求得主要来源的贡献量（图 5-8），三种来源对总 PAHs 的贡献率分别为 64.6%、32.1% 和 3.3%。

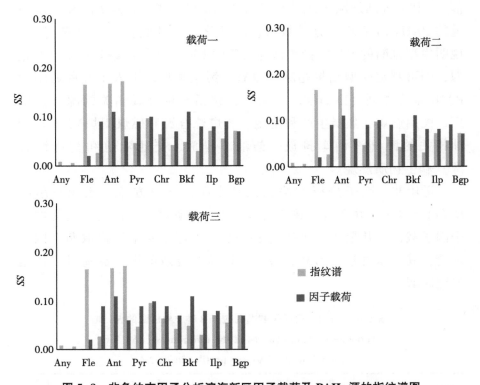

图5-8 非负约束因子分析滨海新区因子载荷及PAHs源的指纹谱图

Fig. 5-8 Source contributions derived from FA-NNC for different samples in BHNA

官厅水库地区因子载荷一的方差贡献率为51.6%，因子载荷对应于8种PAHs源中交通综合的 SS 值显著低于其他来源（表5-9），表明该地区的因子载荷和PAHs源的指纹谱图吻合较好，我们判断为交

表5-9 官厅水库地区因子载荷对应于8种PAHs源的 SS 值

Table 5-9 Sum squares of the differences (SS) for candidate PAH source profiles in GTR

项目	发电厂	居民	焦炭锅炉	燃煤综合	汽油	柴油	交通综合	交通隧道	生物质	燃煤锅炉
载荷一	0.073	0.129	0.042	0.052	0.086	0.103	0.026	0.051	0.086	0.06
载荷二	0.064	0.134	0.024	0.042	0.068	0.107	0.026	0.049	0.074	0.018

通综合来源（图 5-9）。载荷二的方差贡献率为 42.7%，燃煤锅炉的 SS 值最小，判断为燃煤贡献。基于非负约束因子得分分析主要来源的贡献量（图 5-10），两种主要来源对总 PAHs 的贡献率分别为 60.8% 和 39.2%。

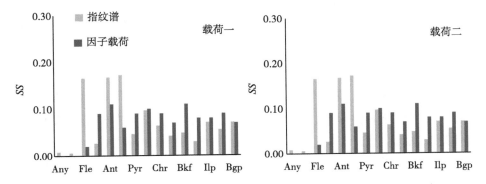

图 5-9　非负约束因子分析官厅水库地区因子载荷及 PAHs 源的指纹谱图

Fig. 5-9　Source contributions derived from FA-NNC for different samples in GTR

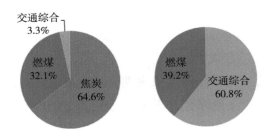

图 5-10　滨海新区和官厅水库地区不同 PAHs 来源的贡献率

Fig. 5-10　Source contributions for the main PAHs sources in BHNA and GTR

5.5　小结

（1）滨海新区居民的健康风险显著高于官厅水库地区居民。其致癌风险均值为 2.05×10^{-5}，其中 PAHs 均值 1.69×10^{-5}，风险贡献度为 82.6%；其次为 HCHs 均值 2.10×10^{-6}，贡献率为 10.2%；DDTs 比重最小为 7.0%。大沽化工区部分土壤健康风险高于 1×10^{-4}，须引起有关部门的重视，并采取必要的修复措施。

（2）官厅水库地区居民健康风险低于滨海工业区，均值为 7.82×10^{-6}，其中 PAHs 风险为 7.56×10^{-6}，占 96.6%；DDTs 均值为 2.74×10^{-7}，贡献率为 3.5%；HCHs 均值为 1.79×10^{-9}，风险贡献度为 0.02%（α-HCH 的最大致癌风险为 3×10^{-8}）；官厅水库由于行政管理实施不力，怀来县城附近工业区的工业点源 PAHs 的排放已引起潜在的健康风险。

（3）工业区居民健康风险空间格局受点源影响显著——大沽工业区和汉沽工业区，差异性分析显示工业区内和工业区周边敏感人群健康风险值有显著性差异，这与工业区的污染物生产、存储历史和排放有关。

（4）工业区场地上工人的暴露风险低于普通居民，这是由受体的部分生理参数（皮肤附着因子、室内室外暴露于土壤的皮肤面积等）和行为模式参数（土壤的吞食率和室内室外的暴露频率）的差异性导致。

（5）滨海新区有一定的新的林丹来源，大沽化工区对附近地区 DDT 和 HCH 残留影响较大，除了污染场地的源效应，土壤 TOC 对研究区 DDT 分布影响较大。

（6）非负约束因子分析结果表明，滨海新区 PAHs 的主要来源为焦炭燃烧、燃煤和交通综合，贡献率分别为 64.6%、32.1% 和 3.3%；官厅水库地区 PAHs 的主要来源为交通综合和燃煤，贡献率分别为 60.8% 和 30.2%。

区域POPs污染与健康效应关联性分析

6 区域 POPs 污染与健康效应关联性分析

基于环渤海北部地区、典型工业区和典型农业区土壤中 POPs 健康风险分析比较，确定滨海新区为 POPs 的相对重污染区域。依据滨海新区土壤中 POPs 健康风险水平和空间分布格局，在整个区域内选取 23 个点位发放统一设计的"滨海新区环境健康调查问卷"742 份，并全部收回，旨在探讨周边污染源、土壤中污染物的浓度及饮食等因素对居民健康的影响。调查数据一方面用来分析污染源分布、土壤污染物残留、饮食结构等因素与居民健康状况的相关性，另一方面用来估算居民通过蔬菜—土壤的间接途径对污染物的暴露量，为降低居民健康风险、进行风险管理提供依据。

6.1 基本资料的提取

6.1.1 人口统计学信息

742 份问卷全部回收，且均为有效问卷。受访人群的人口统计学信息如表 6-1 所示。

表 6-1 受访人群的人口统计学信息
Table 6-1 Demographic characteristics of participants (%)

	分类	全部	化工区	非工业区
性别	男	53.0	60.5	55.6
$P=0.25$	女	47.0	39.5	44.4

（续表）

	分类	全部	化工区	非工业区
年龄（岁） $P=0.19$	≤18	8.2	3.5	10.8
	18~45	39.3	40.5	38.8
	45~60	30.2	30.5	32.5
	≥60	22.3	25.5	17.9
受教育程度 $P=0.00$	未上过学	16.1	10	19.4
	小学	23.6	16.4	27.5
	中学	51.1	58.1	47.2
	大学及以上	9.2	15.5	6

注：Mann-Whitney Test 差异性检验

其中，男性393名（占53%），女性349名（占47%）。平均年龄为44.6岁，18~60岁占69.5%，60岁以上的人群占22.3%，低于18岁的人群占8.2%，基本符合问卷调查的质量控制。

滨海新区内有三个化工区，从北到南分别为汉沽化工区、大沽化工区和大港采油区，受访居民中201名（27%）居住在化工区内，543名（73%）居住在非化工区。化工区内的居民所受教育程度高于非化工区，Mann-Whitney U Test 显示二者具有显著性差异（73.6% vs 53.2%，$P<0.01$）。

6.1.2 污染源存在状况

从数量上看，居住地附近的现有污染源与曾有污染源（5年前）的存在状况和变化（图6-1），各种类型污染源均有增加趋势。其中，化工厂分布也最为广泛（43.2%），数量增幅最大（22.8%）；污水灌溉次之（18.7%）；三废排放比例居第三位（15.7%）。

6.1.3 饮食结构统计

在问卷设计中，饮食结构的信息包括新鲜蔬菜、谷物、鱼、肉类（海鲜、猪、牛、羊等）、水果、奶、蛋的频次及是否是本地产品等。

6 区域POPs污染与健康效应关联性分析

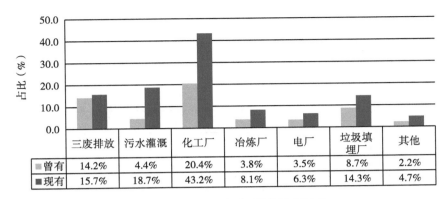

图 6-1 居民居住地附近的污染源统计

Fig. 6-1 Statistics of pollution sources around local residence

表 6-2 过去 30 天居民的平均饮食情况

Table 6-2 The average diet of local residents in the past 30 days （%）

频次	新鲜蔬菜	水果	奶制品	豆类	蛋类	甜食	油脂类	腌制
A	69.1	40.8	10.1	19.4	31.1	9.0	7.2	5.3
B	15.0	19.2	14.0	18.7	35.0	12.5	11.6	12.6
C	9.9	21.8	16.3	26.2	20.9	23.2	18.1	19.6
D	5.9	18.1	59.5	35.7	13.0	55.3	63.1	62.5

A~D 表征食用频次从高到低，具体代表如下：

新鲜蔬菜：A、8 两①以上/天　　B、5~7 两/天　　C、3~4 两/天　　D、2 两以下/天

水果：A、8 两以上/天　　B、5~7 两/天　　C、3~4 两/天　　D、2 两以下/天

奶制品：A、1 斤②以上/天　　B、半斤/天　　C、半斤以下/天　　D、少吃或不吃/天

豆类：A、5 两以上/天　　B、3~4 两/天　　C、1~2 两/天　　D、很少或不吃/天

蛋类：A、3 个以上/天　　B、1~2 个/天　　C、1 个以下/天　　D、少吃或不吃/天

甜食、油脂类和腌制品：A、5~7 次　　B、3~4 次　　C、1~2 次　　D、<1 次

统计分析结果表明，该区域内居民的食用蔬菜有 10% 左右来自自家种植，其他购自市场，肉类和海产品基本全部购自当地市场。各种肉类中，居民食用以猪肉、鱼肉和海鲜为主（图 6-2），食用牛肉、羊肉、鸡肉较少，基本不食用鸭肉。"靠海吃海，产品新鲜"，这种情况

---

① 1 两=50 g，全书同。

② 1 斤=500 g，全书同。

体现了滨海新区海滨城市的特色。

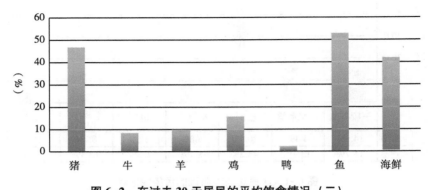

图 6-2　在过去 30 天居民的平均饮食情况（二）

Fig. 6-2　The average diet of local residents in the past 30 days（2）

6.1.4　居民发病率统计

居民的健康状况，包括目标疾病和常见疾病。目标疾病包括流行病学研究中已报道的作为 POPs 直接暴露影响所致的癌症，包括皮肤癌、肺癌、胃癌、乳腺癌、子宫肌瘤、前列腺癌和阴囊癌（Gerber et al., 1995；Jane et al., 2000；Mumford et al., 1995；Wang, 2000），及其可能的前期症状，包括皮炎、肺炎和肠胃炎。关于可能的前期症状，需要解释的是，在前期调研中发现，皮炎是滨海新区很常见的一种疾病，尤其对于居住在化工区的居民来说，考虑到 POPs 可能引发皮肤癌，皮炎是皮肤癌的前期症状之一，所以把它作为一个可能的前期症状。上述的目标疾病被选作居民经过长期暴露 POPs 后对健康影响的指示因子。

常见疾病则包括头晕头痛、全身无力、睡眠不好、关节肌肉疼痛、胸闷、气喘和贫血等，能反映居民的基本健康状况。

如表 6-3 所示，居民所患疾病中皮炎、肠胃炎和肺炎的发病率占据前三，分别为 13.2%、11.3% 和 9.2%。所涉及的癌症发病率则处于 0.2%~0.7%。经年龄调整后的发病率中，胃癌发病率最高，肺癌次之。采用的标准人口构成系世界卫生组织 1985 年公布的世界人口年龄构成。

年龄调整发病率＝∑［各年龄组发病率×各年龄组标准人口构成］

表 6-3 当地居民目标疾病的发病率统计
Table 6-3 Morbidities statistics of target diseases

疾病	发病率（％）	校正（1×10^{-6}）
皮炎	13.2	720.5
皮肤癌	0.2	10.4
肺癌	0.7	29.5
肺炎	9.2	382.8
胃癌	0.7	33
胃肠炎	11.3	546.9
乳腺癌	0.3	15.6
子宫肌瘤	0.2	10.4
前列腺癌	0.5	22.6
阴囊癌	0.2	8.7

注：校正采用 1985 年 WHO 公布的人口年龄结构

6.2 土壤中 POPs 残留水平的影响

6.2.1 土壤 POPs 浓度与居民健康关联性分析

在覆盖滨海新区整个区域尺度上，考虑到土壤中 POPs 残留浓度数据为非正态分布，居民的健康数据为无序 0、1 二元分布，故采取非参数 Spearman's rho 方法检验二者之间的相关性。结果显示，土壤污染水平与居民目标疾病发病率之间相关系数较低，均低于 0.2，不存在显著性。

6.2.2 化工区与非化工区居民健康差异性分析

滨海新区内有三个化工区，从北到南分别为汉沽化工区、大沽化工区和大港采油区。汉沽化工区和大沽化工区有较长的OCPs污染历史，曾生产过大量的林丹、工业HCH、HCB和工业DDT（Tao et al., 2006）。曾经是中国两个最大的有机氯生产厂的大沽化工厂和天津化工厂分别坐落于两个化工区。原大沽化工厂位于天津市塘沽区兴化道。大沽化工厂于1958年开始生产六六六。大沽化工厂在1958年建立了一套利用六六六无效体生产六氯苯的生产装置，生产能力为7 000 t/年，同时建立了五氯酚钠生产装置，生产能力为10 000 t/年，随着国内对五氯酚钠需求量不断扩大，该厂将生产六氯苯的能力扩大至12 000 t/年，1988—2003年该厂总共生产六氯苯79 278 t。天津化工厂位于天津市汉沽区新开南路，曾经是我国最大的六六六生产厂，其于1956年建成DDT生产装置，以后生产规模逐渐扩大，1990—2003年总共生产DDT 69 100 t。此外，滨海新区还曾经有一些生产六六六和三氯杀螨醇的小型企业。目前当地还有一些未经处理的DDT、六六六和六氯苯存储点。这些有机氯农药厂对周围环境曾经造成过严重污染。由于有机氯POPs的残留性，农药厂对整个区域目前的污染影响值得进一步关注。已有研究也证实滨海新区PAHs污染已处于较高水平，大港区域由于采油炼油及其他工业生产过程中PAHs排放对整个区域目前的污染影响值得关注。

三个化工区土壤中POPs残留浓度对比结果（表6-4）显示，大沽化工区DDT浓度为442.6 ng/g，远高于汉沽化工区和大港采油区DDT的浓度（16.4 ng/g和1.6 ng/g），且为汉沽化工区DDT浓度的27倍。显然，土壤中的残留浓度受DDT生产历史的影响，也验证了化工企业的点源污染对DDT的分布影响显著。汉沽化工区土壤表层HCH和HCB浓度（387.4 ng/g和0.74 ng/g）高于大沽化工区土壤表层HCH和HCB浓度（333.6 ng/g和0.35 ng/g），且大港采油区HCH的浓度仅为汉沽化工区HCH浓度的1/5，大港区HCB未检出。

6 区域POPs污染与健康效应关联性分析

表6-4 三个化工区及非化工区土壤中POPs残留浓度对比

Table 6-4 Differences in the concentrations of POPs in three chemical parks (ng/g)

区域	ΣDDT	ΣHCH	ΣHCB	ΣPAH	ΣPAHscar[a]
汉沽化工区	16.4	387.4	0.74	969.7	533.2
大沽化工区	442.6	333.6	0.35	2027.9	1 028.2
大港石化区	1.57	77.9	ND	904.8	414.2
非化工区	18.5	140.1	0.6	712.5	293.6

[a] 致癌PAH复合物

三个化工区ΣPAHs的浓度分析，大沽化工区最高（2027.9 ng/g），然后是汉沽化工区（969.7 ng/g）和大港采油区（904.8 ng/g），对于致癌ΣPAHs而言，存在同样的次序，三个区域的浓度分别为1 028.2 ng/g、533.2 ng/g和414.2 ng/g。塘沽化工区有多个以煤为主要燃料源的大型化工企业，而且历史比较悠久，设备相对陈旧，尚缺乏减排PAHs的有效技术措施，如天津碱厂（1914年建立）、大沽化工厂（1939年建立）等依然在运营。汉沽化工区成立于1996年，虽然也以化工企业为主导，但建设之初就采取了一系列环保技术措施，如污水处理、垃圾集中处理和尾气排放处理等。大港采油区的主导产业是石油化工，大港采油区的低含量PAHs显示石油开采对周边土壤中PAHs含量影响很小。

如表6-5所示，除肺癌外，化工区居民所患其他所有目标疾病和前期症状的发病率都高于非化工区居民，包括胃癌、乳腺癌、皮炎、肺炎和肠胃炎。相对风险排序，乳腺癌（OR 1.87，95% CI 0.26~13.41）和胃癌（OR 1.87，95% 0.12~30.06）高于其他疾病，然后是皮炎（OR 1.72，95% CI 1.05~2.80），肠胃炎（OR 1.59，95% CI 0.94~2.68）和肺炎（OR 1.05，95% CI 0.58~1.89）。二元多变量非条件Logistic回归分析显示，污染浓度与致癌风险存在正相关，但除皮炎外，化工区和非化工区居民的发病率不存在显著性差异。

表 6-5 化工区与非化工区居民发病率对比分析

Table 6-5 Morbidities statistics differences of target diseases of local residents between living in and out of chemical parks

疾病	化工区（%）	校正（1/10⁶）	非化工区（%）	校正（1/10⁶）	χ^2	OR	CI 下限	CI 上限
皮炎	17.4	925.4	10.9	610.7	0.02	1.72	1.05	2.80
皮肤癌	—	—	0.3	16	0.65	—	—	—
肺癌	0.5	19.9	0.8	34.7	0.57	0.62	0.06	6.00
肺炎	9.5	430.3	9.1	453.3	0.49	1.05	0.58	1.89
胃癌	1	34.8	0.5	32	0.44	1.87	0.26	13.41
胃肠炎	14.4	751.2	9.6	509.3	0.06	1.59	0.94	2.68
乳腺癌	0.5	19.9	0.3	13.3	0.58	1.87	0.12	30.06
子宫肌瘤	0.5	29.9	—	—	0.35	—	—	—
前列腺癌	—	—	0.8	34.7	0.28	—	—	—
阴囊癌	—	—	0.3	13.3	0.65	—	—	—

以往的流行病学文献报道中证实高污染水平和致癌影响存在显著正相关（Katsouyanni，1997；Turusov et al.，2002），中低污染水平对致癌风险的影响结论不是很清晰，甚至是矛盾的，有的研究表明污染浓度与致癌风险呈负相关，有的研究表明呈正相关，且相对风险能达到 1.5 倍（Hemminki，1994）。可以推测，工业区土壤中 POPs 暴露浓度处于中低水平时，空气介质对人体健康的影响是主要因素。同时，这可能跟问卷随机调查的不确定性和样品量有限有关，也可能是 BHNA 的 POPs 浓度虽高，但还没有达到显著致癌的程度。

6.3 周边污染源的影响

《环境健康公众调查问卷》中设计的污染源包括化工厂、冶炼厂、电厂、垃圾处理厂和三废排放等，均为 POPs 可能源。化工厂、冶炼厂、电厂、垃圾处理厂中燃料的不完全燃烧会连续向空气排放 PAHs。废水和废渣等有可能会远离工厂排放或处置，均有可能影响居民的

6 区域POPs污染与健康效应关联性分析

健康。

考虑到问卷获取的污染源信息和居民的健康数据为无序0、1二元分布,故采取非参数Spearman's Rho方法检验二者之间的相关性。表6-6显示污染源与目标疾病的相关性分析结果,整体而言,除皮肤癌、乳腺癌和子宫肌瘤三种疾病未显示与污染源显著相关外,其他疾病均显示与部分污染源显著相关,但相关系数不高,这与多种污染源的共同存在、综合作用有关,也受样本量有限影响。

表6-6 污染源与目标疾病的相关性分析

Table 6-6 Correlation analysis between pollution sources and target diseases

疾病	三废排放	污水灌溉	化工厂	冶炼厂	电厂	垃圾处理
皮炎	0.182**	0.161**	0.047	0.126*	0.024	0.047
皮肤癌	—	—	0.063	—	—	—
肺癌	0.156**	0.022	0.055	0.041	-0.020	0.102*
肺炎	0.103*	0.027	0.114*	0.061	0.006	0.051
胃癌	-0.029	-0.063	0.026	0.101*	-0.026	0.068
胃肠炎	0.085	0.074	0.085	0.017	0.032	0.105*
骨质疏松	0.123*	0.160**	0.066	-0.045	-0.002	0.113*
肾炎	0.376**	0.091	0.068	-0.026	0.201**	-0.018
乳腺癌	-0.018	-0.039	0.019	-0.026	-0.016	-0.018
子宫肌瘤	—	—	0.045	—	—	—
前列腺癌	-0.018	-0.039	-0.009	-0.026	0.112*	-0.018
阴囊癌	—	—	—	—	0.218**	

注:* 相关性系数显著性 $p<0.05$;** 相关性系数显著性 $p<0.01$

室内燃烟煤及木材燃烧产生的PAHs是导致中国宣威地区肺癌发病率高于其他地区5倍的主要因素。陈秉颜和谢重阁等(1991)对大气中Bap浓度和肺癌的死亡率进行过研究,结果是二者之间存在高度的正相关关系。Bap浓度每100 m³增加0.1 μg时,肺癌死亡率上升5%。Doll及其合作者(Doll, 1952; Doll et al., 1972)首次在英国进行的煤气工人现代流行病学的研究表明,进行煤干馏的工人患肺癌和膀胱癌的危险增加2倍,而其他组的工人则未发现癌症的增加。使用煤干馏法生产煤气的工人患阴囊癌和皮肤癌的概率明显增加(Henry,

1947；Ross，1948）。美国和加拿大已经进行了关于焦炉工人患肺癌概率的调查，表明危险增加 2 倍（Costantino et al.，1995），另一中国的报道则是危险增加 2~4 倍（Wu，1988）。意大利（Franco et al.，1993）和法国（Chau et al.，1993）也报道了相似的结果。同时 PAHs 导致鼻咽癌和胃癌。例如，冰岛居民喜欢吃烟熏食品，其胃癌标化死亡率达 125.5/10 万（Gelboin and Paul，1979）。

DDT 对人体的健康危害主要表现为对人体中枢神经及肝脏、肾脏的损害和致癌作用（Eriksson et al.，1990；Hayes，1976），近期的研究还发现 DDT 对人体的暴露还可能诱发乳腺癌（Helzlsouer et al.，1999；Lebel et al.，1998）。HCH 农药残留物进入人体后易于蓄积于脂肪及富含脂肪的组织中，对人体免疫、神经和生殖系统产生慢性毒性作用。据有关毒理学试验（吴永宁，2003）证明工业品 HCH 主要损害肝脏。其他研究表明，HCH 还具有环境激素的作用，易引发女性乳腺癌、子宫癌等生殖器官的恶性肿瘤（Sturgeon et al.，1998）。在人体盯眝中检出的 HCH 含量与人体脂中含量呈显著正相关关系，因此中国预防医学科学院营养与食品卫生所曾于 20 世纪 80 年代初，在我国 13 个省的 35 个县、市调查了成人人群盯眝中 HCH 的蓄积水平，发现其与当地 HCH 农药的施用量呈显著正相关，同时还与当地男性肝癌、肠癌和肺癌以及女性肠癌相关。

大量流行病学和职业调查显示，PAHs、DDTs 和 HCHs 暴露会导致或诱发皮肤癌、肺癌、胃癌、乳腺癌、子宫肌瘤、前列腺癌和阴囊癌等（Gerber et al.，1995；Jane et al.，2000；Mumford et al.，1995；Wang，2000），但是至今仍没有直接证据表明是哪种物质导致疾病的发生，也没有人体致癌剂量的报道。限于人力、物力和时间，本研究得到的环境监测数据和居民健康数据有限，这也启示我们应加强环保部门与卫生部门的充分合作、信息公开，更大程度上促进环境医学的发展。

表 6-7 显示了污染源与常见疾病的相关性结果，相对而言，三废排放很大程度上影响了居民的日常健康。人体暴露试验（IPCS，1999，2000）证明，按体重计，一次服用剂量为 6~10 mg/kg 的 DDT 会引发出汗、头痛和恶心，一次剂量达 16 mg/kg 时则导致惊厥。

表 6-7 污染源与常见疾病的相关性分析

Table 6-7 Correlation analysis between pollution sources and common diseases

疾病	三废排放	污水灌溉	化工厂	冶炼厂	电厂	垃圾处理
头痛头晕	0.287**	0.049	0.118*	0.049	-0.016	0.279**
全身无力	0.184**	0.084	0.109*	-0.003	0.018	0.113*
嗅觉减退	0.244**	0.118*	0.115*	-0.053	-0.033	-0.037
语言障碍	0.211**	0.109*	0.109*	-0.046	-0.029	0.045
食欲下降	0.139**	0.152**	-0.009	-0.044	0.029	0.201**
消瘦	0.320**	0.157**	-0.037	0.011	-0.031	0.189**
睡眠不好	0.197**	0.045	0.090	0.056	0.065	0.157**
记忆力下降	0.360**	0.174**	0.098	0.024	0.073	0.232**
肌肉疼痛	0.112*	0.019	0.033	0.094	-0.007	0.151**
腹痛	0.236**	0.095	0.064	0.007	0.027	0.198**
胸闷	0.124*	0.025	0.127*	0.061	-0.065	0.066
麻痹	0.038	0.003	-0.017	0.040	0.004	0.147**
贫血	0.026	-0.012	0.025	-0.002	0.109*	0.267**

注：* 相关性系数显著性 $p<0.05$；** 相关性系数显著性 $p<0.01$

6.4 饮食暴露的影响

本研究中当地居民的饮食结构包括食用谷物、新鲜蔬菜、水果、奶制品、蛋、鱼、肉等。蔬菜浓度来自本实验室实测数据（表 6-8），试验方法和质量控制等参考第 2 章。40 个样品 PAHs 和 HCHs 均有检出，DDT 的检出率为 97.6%，根据国标 GB 2763—2005 DDT 和 HCH 的超标率分别为 2.5%、7.5%，PAHs 暂时无国标可参考，与文献报道值相比，PAHs 残留处于中等水平。

表 6-8 蔬菜样品中 POPs 的残留水平

Table 6-8 Residue levels of POPs in vegetable samples in the BHNA （ng/g）

项目	最小值	最大值	均值	标准差	检出率
Nap	ND	15.9	2.88	3.86	87.80%
Any	ND	3.64	0.51	0.98	97.60%
Ane	ND	5.05	0.8	1.39	95.10%
Fle	ND	21.56	2.35	5.44	48.80%
Phe	ND	52.21	7.41	12.38	90.20%
Ant	ND	57.82	8.07	13.75	75.60%
Fla	ND	17.77	3.44	5.12	95.10%
Pyr	ND	18.9	2.29	4.6	65.90%
Baa	ND	0.9	0.07	0.22	19.50%
Chr	ND	0.09	0.01	0.02	14.60%
Bbf	ND	7.27	0.92	1.23	78.00%
Bkf	ND	3.76	0.46	0.64	75.60%
Bap	ND	8.15	1.24	1.83	56.10%
Ilp	ND	1.95	0.06	0.31	9.80%
Daa	ND	95.7	11.98	28.55	22.00%
Bgp	ND	ND	ND	ND	0.00%
T_PAHs	0.07	210.72	42.47	64.03	100.00%
α-HCH	ND	342.67	10.55	53.26	80.50%
β-HCH	0.44	29.67	9.39	7.59	100.00%
γ-HCH	ND	55.85	4.03	10.93	58.50%
δ-HCH	ND	25.62	1.93	4.03	90.20%
p,p'-DDD	ND	17.06	2.34	3.17	92.70%
p,p'-DDE	ND	9.76	0.78	1.99	29.30%
p,p'-DDT	ND	56.52	3.63	9.9	34.10%
o,p'-DDT	ND	24.76	8.51	8.52	78.00%
T_DDT	ND	57.72	15.27	12.74	97.60%
T_HCH	1.92	347.01	25.9	53.79	100.00%

计算结果显示，居民饮食途径中致癌风险最大的是食用鱼类（5.33×10^{-5}），占总饮食风险的 34.9%（图 6-3）；蔬菜（1.35×10^{-5}）和肉类（8.72×10^{-6}）分居第二和第三，占总饮食风险的 28.4%

和 19.2%，此三大饮食途径累积风险贡献率为 82.5%。

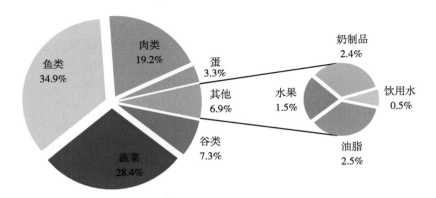

图 6-3　各类饮食途径对 POPs 暴露的相对贡献
Fig. 6-3　The relative contribution of every dietary pathway to the total POPs exposure

此次调研未获得居民饮食和健康一对一的数据，无法深入分析饮食途径暴露 POPs 与居民健康的关联性，有待于进行下一步的工作探讨。

6.5　小结

（1）该区域内居民健康受土壤中 POPs 浓度影响小，土壤污染水平与居民目标疾病发病率之间相关系数较低，均低于 0.2，不存在显著性，该区域的土壤中 POPs 浓度还没有达到严重污染水平。

（2）除肺癌外，化工区居民所患其他所有目标疾病和前期症状的发病率都高于非化工区居民，包括胃癌、乳腺癌、皮炎、肺炎和肠胃炎，但从统计学上分析未达到显著性差异。

（3）居住地附近的现有污染源与曾有污染源（5 年前）相比，各种类型污染源均有增加趋势，部分污染源对目标疾病和常见疾病有显著正相关，但相关系数不高（<0.3），这与多种污染源的共同存在、综合作用有关。

（4）当地居民食用各种肉类中，以猪肉、鱼肉和海鲜为主，食用牛肉、羊肉、鸡肉较少，基本不食用鸭肉。各饮食途径对居民暴露 POPs 潜在致癌风险的贡献率：鱼类>蔬菜>肉类>谷类>蛋>油脂类、奶制品>水果>饮用水，前三大饮食途径累积风险贡献率为 82.5%。

环渤海地区POPs健康风险管理模式

7 环渤海地区 POPs 健康风险管理模式

环境风险管理（Gerber）是指根据环境风险评价（ERA）的结果，按照恰当的法规条例，选用有效的控制技术，进行削减风险的费用和效益分析，确定可接受风险度和可接受的损害水平，进行政策分析及考虑社会经济和政治因素，决定适当的管理措施并付诸实施，以降低或消除事故风险度，保护人群健康与生态系统的安全。风险管理程序分三个阶段：风险评价、评估、选择修复技术与实施修复。风险评价与风险管理之间关系最简明的表达当属 1983 年美国联邦政府给出的风险管理与风险评价关系（NRC，1983）（图 7-1）。

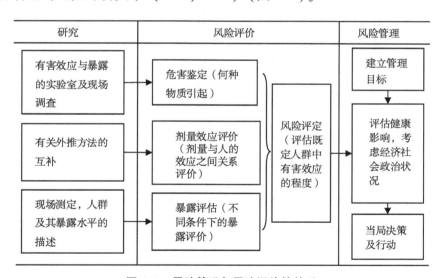

图 7-1 风险管理与风险评价的关系

Fig. 7-1 Relationship between risk assessment and risk management

引自（NRC，1983）

7.1　环渤海地区土壤 POPs 健康风险特征

基于关于环渤海北部地区、滨海新区与官厅水库区土壤 POPs 的健康风险的评估、污染来源和环境影响的分析，得出区域内土壤 POPs 的健康风险特征如下：

（1）区域内 POPs 健康风险水平。我国风险评估技术导则推荐以 10^{-6} 致癌风险作为污染物的可接受致癌风险。环渤海北部地区表层土壤中 POPs 暴露的致癌风险均值为 5.83×10^{-6}（$1.14\times10^{-6}\sim1.86\times10^{-5}$）；滨海新区居民的致癌风险均值为 2.05×10^{-5}（$2.76\times10^{-7}\sim1.3\times10^{-4}$）；官厅水库地区居民健康风险均值为 7.82×10^{-6}（$1.23\times10^{-6}\sim1.15\times10^{-4}$）。滨海新区居民的健康风险显著高于官厅水库地区居民，且风险范围比较大。滨海新区的最高风险值分布在大沽化工区，官厅水库的最高值位于老君庄南、怀来县城工业区附近，且超过 1×10^{-4}，须引起有关部门的重视，应采取必要的修复措施。

（2）区域内 PAHs 致癌风险贡献度远高于 DDTs 和 HCHs。环渤海北部地区污染物的贡献率 PAHs（85.7%）＞DDTs（14.3%）＞HCHs；滨海新区 PAHs 的致癌风险贡献率为 PAHs（82.6%）＞HCHs（10.2%）＞DDTs（7.0%）；官厅水库为 PAHs（96.6%）＞DDTs（3.5%）＞HCHs（0.02%）。

环境中 PAHs 是由有机化合物的热解或不完全燃烧及生物合成而形成；DDTs 的直接来源包括工业 DDT 和三氯杀螨醇的生产和使用，环境中 HCHs 直接来源包括工业 HCH 和林丹的生产与使用。

（3）POPs 健康风险受点源影响显著。工业区居民健康风险空间格局受点源影响——大沽工业区和汉沽工业区显著，差异性分析显示工业区内和工业区周边敏感人群健康风险值有显著性差异。官厅水库怀来县城附近的工业点源 PAHs 排放已引起周边土壤污染；葫芦岛周边有冒着黑烟的炼锌厂的排放对 PAHs 有很大贡献；大沽化工区对附近地区 PAHs、DDT 和 HCH 残留影响较大，这与污染物的生产和存储历史有关。

(4) 区域内潜在的POPs风险源类别。大沽工业区、汉沽工业区、怀来县城、葫芦岛等区域拥有相对发达的工业、交通及相对集中燃煤采暖，这些正是PAHs的潜在排放源。居住地附近的现有污染源与曾有污染源（5年前）相比，各种类型污染源均有增加趋势。

大港区有大面积的石油开采区和石油化工区，由于石油开采过程中井场作业造成地表散落油，石油化工区含油污水的跑、冒、滴、漏，污水的任意排放，以及突发事故，对人体健康构成了严重威胁。

有机氯农药曾是我国生产和使用的主要农药品种，环渤海农业区曾大量生产和使用过DDT、HCH等POPs农药。在滨海新区，曾经有两个大的有机氯生产厂和目前当地仍有的一些未经处理的DDT、六六六和六氯苯存储点，农药厂对整个区域目前的污染影响值得进一步关注。

7.2 现有POPs健康风险管理体系及存在的问题

张红等系统地总结了中国涉及POPs管理的法律体系框架，指出中国涉及POPs的法律体系框架包括法律、条例、规定、标准四个层次，以及保护环境和人民健康、化学品管理两条主线（Zhang et al., 2005）。此外，自从公约开始履行以来，一些新的关于POPs行业和监测标准（主要是关于二噁英的）逐步被颁布实施，进一步完善了我国POPs管理的法律体系。总体来看，我国POPs管理对策框架已经基本形成，但是针对POPs健康风险在实际管理和操作中存在不少问题和障碍。

（1）法律不完善。尽管我国已经有不少法律法规涉及土壤污染控制和管理，但是这些法律涉及污染土壤和场地管理的部分都缺乏对具体措施的要求，并且立法的角度也不是站在污染土壤和污染场地管理方面，迄今为止，我国尚无"污染场地健康风险评价"的法律法规。环境保护法明确土地是环境的要素，提出要防治土壤污染等原则，但是并没有其他配套的法律法规来具体规定污染土壤的防治和管理。固体废弃物法的立法角度主要是围绕固体废物或危险废物这一对象来确定管理要求，对固体废物与污染场地、污染土壤的区别和联系没有具体要求。土地管理法的主要目的是保障土地用途和功能以及土地使用者的权利不受到侵犯，该法对污染土壤的管理要求很少且笼统，不能从根本上制约、预防和管理场地污染、土壤污染。

（2）标准不全面、不系统。我国虽然有一些污染土壤和场地的相关标准，但是《土壤环境质量标准》是面向农业土壤，并且只有DDT和HCH的相关标准，缺乏其他POPs的具体标准；而《工业企业土壤环境质量风险评价基准》虽然涉及污染物较多，但是其主要目的是为保护在工业企业工作或在其附近生活人群以及工业企业界区内的土壤和地下水而制定，目前没有适用于住宅区和商业区等其他土地利用的土壤标准。同时也缺乏POPs污染土壤的专门技术标准体系，如鉴别标准、风险评价标准、修复和治理标准、治理和修复技术筛选标准、依据风险评价确立的土壤分级管理标准等。

（3）责任主体不明确。由于历史原因，我国大多数污染土壤的责任主体不明确，是污染土壤责任追究的最大障碍。尽管我国的环境立法也遵循"污染者付费"的原则，但是由于我国的土地属于国家所有，许多造成土壤严重污染的老工业企业多为国有企业，加之历史上对污染土地不予重视等原因，在操作层面上实行"污染者付费"原则存在较大难度，致使其治理与开发过程相对混乱。为了获得更大的经济利益，污染者对于其应承担的责任和义务尽可能逃避，或对已经污染的土壤进行转手或者放弃；而开发商、土地购买者等获益者，往往注重的是开发地块的优越地理位置，而对于地块在利用过程中所遗留的污染以及污染所带来的影响很少顾及，不会主动承担治理恢复过程中的费用，最终导致没有人承担土壤污染的治理费用，土地污染所造成的风险损失转嫁到各个阶段消费者的身上。

（4）污染土壤管理能力有待加强。目前，中国各级环境保护行政主管部门基本上没有设置专门管理污染土壤和污染场地的机构和人员。这种状况导致了对于污染场地和污染土壤的基本资料的缺失，使得对于污染场地和土壤的污染现状、趋势和人类健康的影响不清；导致POPs物质被禁止使用后的存放地点的相关资料严重缺失，给流通领域和使用领域的废物和污染土壤的查找带来了很大的困难。

（5）POPs 物质的环境行为和致病机理研究有待加强。污染物质在环境介质中的迁移转化是风险评价中建立暴露途径物理模型，预测未来风险的理论基础，目前对污染物质的环境行为认识不够，这一方面的研究还有待进一步加强。污染物质对人体的致病机理的研究还相对薄弱，而这些成果是最终量化风险的基础数据。这种状况将导致不能充分、全面评价污染场地的人群健康风险。

7.3 可借鉴的国际 POPs 健康风险管理经验

欧美发达国家开始重视污染场地风险管理和实施场地修复的时间相对较早，其相关的法律法规和标准体系相对比较完善，同时在长期的场地修复实践中积累了不少宝贵的风险管理经验，中国要尽快建立自己的 POPs 污染场地管理体系，从这些国家借鉴相关成果和经验也是必要和必需的。本研究介绍了美国、英国、加拿大和欧盟在污染场地管理方面的模式，其中美国和英国是世界上最早将污染场地管理纳入政府工作范围的国家。

（1）明确污染费用的分担原则，确定责任主体。美国超级基金制度对于解决美国的污染场地问题具有不可替代的作用，同时使工业界认识到，他们必须对曾经污染的场地承担责任。该法对棕色地块进行统一规范，主要意图在于清洁全国范围内的棕色地块，并明确污染费用的分担原则（表 7-1）。

表 7-1 美国棕色地块治理结构

Table 7-1 Governance structure of brown plot in United States

治理主体	主要作用
联邦政府	对棕色地块的评估论证给予资助； 明确责任，分清治理过程中贷款机构、各级政府、棕色地块所有者、开发商及地块预期购买者的责任； 工作培训，提供资金用于培训被污染地区居民的清洁工作及培训环境领域就业人员； 提供贷款和资助。

（续表）

治理主体	主要作用
州政府	发起志愿清洁计划； 对整个棕色地块的治理工作进行监督； 与 EPA 建立合作关系，接受 EPA 评估，以获取财政资助； 地方政府和社区，以社区讨论为基础，建立公共对话机制； 确保棕色地块清洁的行动和结果有利于社区经济的振兴。
非政府组织	环保公司及私人基金参与，并期望这些投资能带来积极的回报。

超级基金制度授权 USEPA 对全国污染场地进行管理，并责令责任者对污染特别严重的场地进行修复；对找不到责任者或责任者没有修复能力的，由超级基金来支付污染场地修复费用；对不愿支付修复费用或当时尚未找到责任者的场地，可由超级基金先支付污染场地修复费用，再由 USEPA 向责任者追讨。由于超级基金制度具有无限期的追溯权力，使其成为非常严厉的制度。此外，超级基金制度还为可能对人体健康和环境造成重大损害的场地建立了"国家优先名录"（National Priority List，NPL），该名录定期更新，现在每年更新 2 次。为保障超级基金制度的实施，又补充制订了一系列配套行动计划以强化和促进该制度的实施，其中最重要的是 1986 年的《超级基金修订与再授权法》。并于 1997 年通过了《纳税人减税法》，以减税的优惠措施刺激私人资本的投资。截至 2006 年 8 月 15 日，美国 NPL 最终清单中共有超级基金场地 1 244 个，其中非联邦场地 1 086 个，联邦设施场地 158 个（谷庆宝等，2007）。经过 30 多年的实践，已经建立联邦政府、州政府、地方政府和社区及商业组织，由公共部门与私人机构共同治理棕色地块多方治理结构。

（2）提供明确的土壤污染物浓度限值。在英国，其处理污染场地问题的出发点是重新开发利用污染场地，是从行政管理的角度看问题，属于"重新开发利用管理模式"。这种模式强调的是将城市萧条程度降至最低，保护当地政府、开发者、商业从业者和国库的经济利益，利用以市场为驱动力的开发过程让污染场地重新发挥经济效益，更加注重实用型。20 世纪 80 年代，英国是最先提出土壤污染物浓度限值（Trigger Concentration）的国家之一，超过该浓度限值，则要求开展进一步的污染调查。并于 2000 年立法要求污染土地再开发利用时，必须进行风险评价，实行"污染土地风险管理"。2002年3月英国环境保护署出版了一系列关于污染土地健康风险评价报告，旨在提供统一的风险评价方法，以便于快速鉴定对人体健康具有风险的污染场地，同时确保避免其他负面影响。该规范主要针对人体健康风险，而不考虑对其他受体的风险性，如植物、动物、建筑物和受控水体。

（3）重视土地数据的收集与监管。1998年，英国依据未来社会发展计划，制定了"棕色土地"政策，即通过约束或制止未开发土地的利用，并对棕色土地进行重新开发，从而达到政府所设定的新建住宅增长目标。"棕色土地"政策实施的工作重点首先是土地利用数据的收集，在全国范围内统计有关已开发土地的数量、类型和计划状况；其次是对棕色土地实施修复，棕色土地的修复主要由公共部门承担。在英国，土地利用变更数据是由英国测绘部进行监测的。这些数据由副首相办公室整理并以年度统计报告的形式发表，收集到的数据作为国家大尺度地形图的部分常规修订数据。

（4）制定详细的操作规程。加拿大对联邦所有的污染场地实行10步管理流程：①识别可疑场地；②场地历史调查；③初步采样测试；④场地分类；⑤详细采样测试；⑥场地再分类；⑦制定修复管理措施；⑧实施修复管理措施；⑨确认采样；⑩最终报告和长期监测。加拿大污染场地管理方法的10个步骤中，每一步骤都涉及若干指导性文件（表7-2），这些技术文件都是在多年研究的基础上形成的。

表7-2 加拿大污染场地管理过程中应用的指导文件

Table 7-2 Guiding documents applicated during the management process of contaminated sites in Canada

序号	指导文件	涉及污染场地管理步骤
1	《环境质量指导值》（1999）	3，5~7，9
2	《污染场地健康风险评估方法》（1998）	6~8
3	《生态风险评估框架：技术附录》（1997）	6~8
4	《污染场地管理指导文件》（1997）	1~10
5	《污染场地风险管理框架（讨论稿）》（1997）	2，3，5，7
6	《加拿大土壤质量指导值》（1997）	5~7

（续表）

序号	指导文件	涉及污染场地管理步骤
7	《生态风险评价框架导则》（1996）	5~7
8	《制定环境和健康土壤质量指导值草案》（1996）	6，7
9	《建立污染场地特定土壤修复目标值指导手册》（1996）	1~3
10	《保护水生生物沉积物质量指导值制定草案》（1995）	6~8
11	《场地环境评价第1阶段》（1994）	2
12	《污染场地地表水评估手册》（1994）	1，4~7
13	《污染场地采样、分析、数据管理手册Ⅰ：主要报告》（1993）	4~6
14	《污染场地采样、分析、数据管理手册Ⅱ：分析方法》（1993）	5，6
15	《美国修复技术筛选程序》（1993）	6~8
16	《污染场地国家分类系统》（1992）	2，3
17	《退役工业场地国家指南》（1991）	1，4~9
18	《污染场地临时环境质量标准》（1991）	5，6，7

引自：单艳红等（2009）

7.4　环渤海地区 POPs 健康风险管理模式

7.4.1　风险管理流程详图

在综合分析国内现有 POPs 风险管理的环境政策法规框架、实施情况及存在问题的基础上，借鉴发达国家污染土壤风险管理的经验，建立了土壤 POPs 风险管理流程图（图 7-2），有利于快速有效地识别污染土壤，并根据不同污染土壤的类型采用不同的修复技术，以使有限的资金和人力得到最有效的利用。

在区域对策阶段，针对不同类型的污染场地采取不同的管理对策，是从根本上保证 POPs 污染场地有效管理的重要举措。根据各领域

7 环渤海地区 POPs 健康风险管理模式

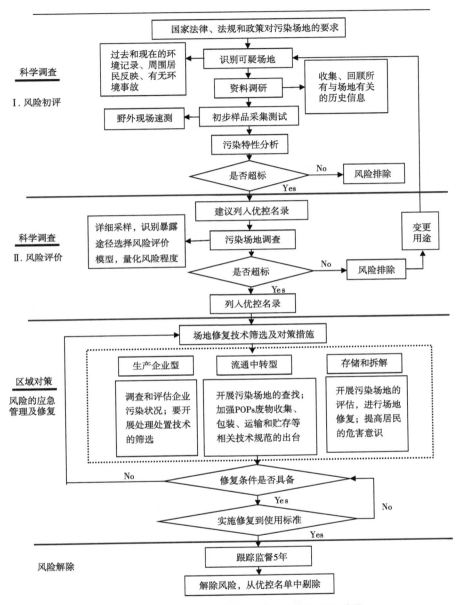

图 7-2 环渤海地区土壤 POPs 风险管理流程详图

Fig. 7-2 Detailed risk management processes of soil POPs around Bohai Rim

POPs 污染场地的存在特点和存在状态分析，可将 POPs 污染场地分为两大类（易爱华等，2007）：即生产领域污染场地和流通使用领域污染场地，具体可细分为POPs生产企业型、杀虫剂类POPs流通领域型和PCBs电力设备的封存和拆解型三类。

（1）POPs生产企业型污染场地管理。在生产领域，中国需要调查和评估的POPs污染场地为48处（易爱华等，2007）。已知查明的4个典型生产企业的污染状况显示，通常污染水平在50 mg/kg以上的地表面积约是生产车间的10倍、污染的深度最高可达地下10 m，有些甚至已经污染到地下水。因此，面对生产领域严峻的污染态势，主要的工作是调查和评估企业污染状况，确定各生产场地的污染范围和污染深度。在对半数以上的生产企业现场调查的过程中发现：企业在POPs化学品停产后，普遍具有迫切的场地转产意向，但对于场地的清理工作明显考虑不足。为避免造成更大的经济和环境损失，生产企业污染场地管理当务之急是采取一定的手段，例如颁布环评应急政策等，阻止场地在没有清理的基础上开发再利用。污染场地管理的最终目的是要对场地进行修复，但针对生产领域大面积、深度污染的特点，我国目前尚缺乏成熟的修复技术。传统的高温焚烧、水泥窑焚烧等异位修复技术会给场地的填土再利用造成很大的困难。因此，生产领域污染场地管理更进一步的工作是要开展处理处置技术的筛选，积极引进国外已商业化、可克服上述缺点的原位修复技术；加强示范项目实施和无害化处置设施的建设，最终实现对所有污染场地的无害化处理。

（2）POPs流通领域型污染场地管理。流通领域污染场地的高分散、小面积、低浓度污染和未知性决定了场地管理的下一步工作是积极开展污染场地的查找。一般来讲，杀虫剂类POPs污染场地的产生是伴随着POPs废物而产生的，可在POPs废物调查的过程中一并开展。POPs流通涉及部门较多，调查的实施必须依靠国家和地方政府的大力推动，在地方环保部门的具体支持下强制实施。从问卷调查的结果和回收率来看，我国公民对POPs危害的意识薄弱是导致我国对于流通领域废物和污染场地基本状况不了解的主要因素，也是我国在POPs废物和污染场地管理上的重要障碍。因此，开展调查当务之急的工作是要加大POPs危害的宣传力度，促进POPs废物和污染场地调查工作的积极开展。另一方面，流通领域的废物和污染场地污染量小，分散度高，场地处理必须采用集中处置的方式，但是目前我国在POPs

废物的收集、包装、转用、运输和贮存等方面都缺乏明确的规定。为保证流通领域 POPs 废物和污染场地的有效管理，针对流通领域污染场地需开展的更进一步的工作是要加强 POPs 废物收集、包装、转用、运输和贮存等相关技术规范的出台。

（3）PCBs 电力设备封存拆解型污染场地管理措施。PCBs 的污染场地具有和流通领域杀虫剂类 POPs 污染场地同样的分散和未知的特点，因此，下一步工作的重点也是伴随着 PCBs 废弃电力设备的查找过程，积极开展污染场地的评估工作。所不同的是 PCBs 电力设备的封存点的调查涉及的主要是电力行业，调查要在环保部门的推动下，由电力系统主要负责。PCBs 废物在我国早已被明确列入《国家危险废物名录》，在鉴别、收集、包装、运输和转移、贮存等方面都已有了原则性的规定，但是在具体运用中缺乏针对性的无害化管理的技术要求。因此在原有体系的基础上，细化关于 PCBs 废物的相关的技术指南是 PCBs 废物和污染场地管理的重要工作。另外，PCBs 废物处理处置能力的缺乏也是我国 PCBs 管理中的一个重要问题。目前，全国可使用于 PCBs 废物处置的设施仅有沈阳环境科学研究所利用自有技术建立的中国唯一的多氯联苯中试基地，其焚烧处置能力仅为 400t/年，而且目前的中试装置中自动控制水平偏低，无焚烧尾气在线监测系统。因此，加强国际技术交流与合作，利用国外先进的多氯联苯焚烧技术，建立一套适合中国国情的工业化多氯联苯焚烧装置，解决中国多氯联苯焚烧处置能力的不足。

7.4.2　解决关键问题的设想：共同责任、资金来源

为了改变这种不利状况，国家在资金保证、机构设置、科研投入、监督监测等方面急需加强。

（1）完善法规和标准体系。针对污染土壤管理法规缺失的问题，需要制定土壤污染防治方面的专门法规，从国家法律层面上确定污染场地健康风险评价的地位。通过对土壤污染控制的原则、识别、标准、申报、调查与监测、执行主体、污染防治的技术、污染土壤的处理处置、资金保证、责任追究等进行全面的规定，使 POPs 污染土壤的管理做到在实际操作层面上有法可依、有章可循。建立完善的污染土壤

标准体系，根据污染土壤的污染途径和环境保护目标，分别制定作物吸收、迁移至地下水和直接接触三类不同的污染土壤标准；根据土壤的使用功能，分别制定住宅用地和商业用地的土壤质量标准。

（2）加强污染土壤的环境管理能力建设。加强POPs污染土壤的环境管理能力建设是有效管理POPs污染土壤的当务之急，可以采取以下一些措施：充分利用各级环保部门的管理基础，强化POPs的专业知识的培训，提高管理人员的整体素质和专业水平；POPs污染土壤涉及面比较广泛，应建立由环保部门牵头的由各相关管理职能部门组成的污染控制的协调机构和机制，解决多头管理或管理职责不清的问题；加强污染土壤的基础研究和提高环境监督和监测能力也是非常必要的，使环境管理建立在科学分析的基础之上和必要的物质保证基础之上。同时，加强对土壤污染防治的监督管理力度，严格控制污染物的超标排放，通过法律手段有效地防治土壤污染。同时也应把污染土壤的管理、利用与治理工作列入政府的议事日程，建立起一个全国性的土壤污染管理体系。

（3）拓宽资金来源。拥有足够的资金是污染土壤管理和修复的基本条件，国家应尽早建立污染土壤修复和治理的资金筹集机制，通过建立资金保证制度，规范和管理污染土壤治理和修复所需的资金筹集和使用，由国家、地方政府、污染企业、土地受益企业、社会等多方面组成筹资渠道，可考虑建立适合我国国情的"污染土壤治理基金"。这方面可借鉴国外的经验，例如美国已经实施了30多年的依据《综合环境、补偿与责任法》（CERCLA）建立的"超级基金"制度，在污染土壤治理和技术研究方面发挥了重要作用。另外，针对可能存在污染事故风险的土壤，可考虑建立企业污染事故押金或保证金制度，即预先提留资金作为污染事故的预防资金，以解决或弥补污染事故应急资金需求。

（4）加强土壤污染的调查。近几年，据有关资料公布，我国受农药和化学品污染的农田大约为$6.0 \times 10^7 hm^2$（黄翔等，2006）。因此，应尽快组织有关部门开展"中国土壤环境质量现状研究"。在此基础上，展开高污染风险区的进一步调查，因为土壤中的污染物具有明显的积累性和地域性，通过密度采样调查对某些区域的土壤污染点位置和面积大小仍无法准确识别。因此，应根据土壤的污染特性展开有针对性的调查，对于工业区、矿山、油田、输入管道、大型油库以及垃圾填埋厂附近潜在威胁大的土壤，应被列入重点监测的范围，监测项目也应以目前尚属空白但威胁很大的微量和有机—无机复合污染物为主。

（5）建立完善土壤 POPs 数据库。建立区域、全国性的 POPs 物理化学性质和毒性数据库，为风险评价提供必要的数据基础。同时加强环境科学和医学等学科之间的交流，开展污染物环境行为和污染物致毒机理等方面的研究，为健康风险评价提供理论依据。

（6）提高公众参与程度。目前，人们对土壤污染的危害认识不足，因此必须进行广泛的宣传教育。通过多种媒介如电视和广播的环境节目加大对公众的宣传教育，提高全民对土壤污染危害的认识，使公众自觉参与到 POPs 污染土壤的举报、识别以及治理修复等过程中来。

7.5 小结

基于环渤海北部地区、滨海新区与官厅水库区土壤 POPs 的健康风险的评估、污染来源和环境影响的分析，总结了区域内土壤 POPs 的健康风险特征。在综合分析国内现有 POPs 风险管理的环境政策法规框架、实施情况及存在问题的基础上，借鉴发达国家污染场地风险管理的经验，探讨了在中国目前的情况下不同功能区及不同类型污染土壤 POPs 管理的具体措施和策略，并从长效机制层面提出了环渤海地区 POPs 控制的举措建议。

结 论

8 结论

8.1 主要研究结论

8.1.1 环渤海区域土壤中典型 POPs 及污染问题

综合考虑有毒物质的环境持久性、高生物蓄积性、毒性、环境检测中的检测频次、迁移和归宿行为以及环渤海地区的污染源等方面,综合打分结果及征求专家意见后,确定 USEPA 优控的 16 种 PAHs(萘、苊烯、苊、菲、蒽、荧蒽、芘、苯并 [a] 蒽、䓛、苯并 [b] 荧蒽、苯并 [k] 荧蒽、苯并 [a] 芘和茚 [123-cd] 芘、二苯并 [a, h] 蒽和苯并 [g, h, i] 芘),DDTs(包括 p, p'-DDT、p, p'-DDE、p, p'-DDD、o, p'-DDT)和 HCHs(α-HCH、β-HCH、γ-HCH 和 δ-HCH)为代表性污染物。

从全国范围来看,滨海新区 PAHs 污染程度属于中等偏上,官厅水库和环渤海北部地区 PAHs 残留属于中低水平,但部分高值区需引起关注;滨海新区内 DDTs 和 HCHs 的浓度都高于中国大部分区域,官厅水库区土壤中 DDTs 和 HCHs 的平均浓度处于较低残留水平。

8.1.2 健康风险评价模型的筛选及通用场地 SGVs 的获取

经过模型比较和适用性评价后,在研究区域内选取 CLEA 模型进行健康风险评价。运用筛选出的 CLEA 模型,在大量场地调查和实际监测数据的基础上,对模型进行修正,获取通用场地的土壤指导值(Soil Guideline Values),目标污染物的 SGVs 从大到小的排序依次为:

Bap>Daa>Baa>Ilp>Bbf >β-HCH>γ-HCH>Bkf>Bgp>α-HCH>Ane>Chr>Nap>DDT>Fle>Any>Ant>Pyr>Fla>Phe，这主要受污染物的物理化学性质指标主导。

8.1.3 环渤海北部地区健康风险表征

运用经修正的CLEA模型对环渤海北部地区土壤中POPs进行了健康风险评价，评价结果表明经口摄入是该区域敏感受体的主要暴露途径；污染物中，Nap的总暴露量最大，而α-HCH的暴露量最小，最大暴露量与最小暴露量之间相差了3个数量级，这与它们的浓度差异基本一致，不同点位因pH值、有机质含量的差异对POPs暴露量有影响，但影响不大。

环渤海北部地区表层土壤中POPs暴露的致癌风险范围为$1.14\times10^{-6} \sim 1.86\times10^{-5}$。不同区域按照居民的致癌健康风险从高到低排序为：葫芦岛>丹东>大连>盘锦>锦州>秦皇岛>营口>唐山。

8.1.4 典型工业区和水源地保护区健康风险表征及空间分布格局

滨海新区居民的健康风险显著高于官厅水库居民，其风险均值分别为2.05×10^{-5}和7.82×10^{-6}。大沽化工区部分土壤健康风险高于1×10^{-4}，须引起有关部门的重视，并采取必要的修复措施。

居民健康风险空间格局受点源影响——大沽工业区和汉沽工业区，差异性分析显示工业区内和工业区周边敏感人群健康风险值有显著性差异，这与工业区的污染物产生、存储历史和正在排放有关。官厅水库地区怀来县城附近工业区的工业点源PAHs的排放已引起潜在的健康风险。

工业区场地上工人暴露土壤中POPs的风险低于普通居民，这是由受体的部分生理参数（皮肤附着因子，室内室外暴露于土壤的皮肤面积等）和行为模式参数（土壤的吞食率和室内室外的暴露频率）的差异性导致。

非负约束因子分析结果表明，滨海新区PAHs的主要来源为焦炭燃烧、燃煤和交通综合，贡献率分别为64.6%、32.1%和3.3%；官厅水库地区PAHs的主要来源为交通综合和燃煤，贡献率分别为60.8%

和 30.2%。

8.1.5 周边污染源、土壤残留及饮食摄入等 POPs 潜在健康风险影响因素分析

该区域内居民健康受土壤中 POPs 浓度影响小，土壤污染水平与居民目标疾病发病率之间相关系数较低（<0.2），该区域的土壤中 POPs 浓度还没有达到严重污染水平。

除肺癌外，化工区居民所患其他所有目标疾病和前期症状的发病率都高于非化工区居民，包括胃癌、乳腺癌、皮炎、肺炎和肠胃炎，但从统计学上分析未达到显著性差异。

居住地附近的现有污染源与曾有污染源（5 年前）相比，各种类型污染源均有增加趋势，部分污染源对目标疾病和常见疾病有显著正相关，但相关系数不高（<0.3），这与多种污染源的共同存在、综合作用有关。

当地居民食用各种肉类中，以猪肉、鱼肉和海鲜为主，食用牛、羊、鸡较少，基本不食用鸭肉。各饮食途径对居民暴露 POPs 潜在致癌风险的贡献率为：鱼类>蔬菜>肉类>谷类>蛋>油脂类、奶制品>水果>饮用水，前三大饮食途径累积风险贡献率为 82.5%。

8.1.6 针对不同功能区健康风险管理模式

在综合分析国内现有 POPs 风险管理的环境政策法规框架、实施情况及存在问题的基础上，借鉴发达国家污染场地风险管理的经验，从宏观管理和区域调控两个层面提出了环渤海地区 POPs 控制的举措建议。

8.2 主要创新点

（1）大尺度层面上修正适用模型需要的参数，量化区域 POPs 的健康风险及空间分布，对比不同功能区 POPs 健康风险特征和空间分异。

（2）分析区域功能定位、经济发展阶段、产业结构和历史残留等因素对 POPs 健康风险带来的影响，并采用优化后的数学方法分析主要风险因子。

（3）采用问卷调查和访谈等社会调研方法，分析周边污染源、土壤中污染物的浓度及饮食结构等因素与居民健康效应的关联性。

（4）系统分析国内外 POPs 污染场地风险管理体系，结合本研究关于工业区与非工业区 POPs 的风险特征、污染来源和环境影响的研究结果，提出了环渤海地区 POPs 风险管理模式。

附　录

附录一　环境健康公众调查问卷

请您在每道题的选择项上打"√"，这份问卷为匿名填写，调查结果仅用于学术研究，敬请协助！

一、生活及居住状况

1. 您的职业是：
   A. 工人；B. 农民；C. 职员；D. 个体经营者；E. 科技人员；F. 学生；
   G 其他，请写出_____
2. 您的工作场所是：
   A. 土地或林场；B. 农药工业厂（制造、包装、运输）；C. 冶炼厂；D. 化工厂；E. 电厂；F. 石油厂；G. 造船厂；H. 码头；I. 实验室；J. 其他，请写出_____
3. 您的居住地属于：
   A. 农业耕种区；B. 居住区；C. 商业区；D. 工业区；E. 自然保护区或风景区
4. 您居住地附近现有的环境污染来源是如下哪种？（可多选）
   A. 工矿企业生产过程的三废（废水、废气、废渣）排放；B. 污水灌溉；C. 化工厂；D. 冶炼厂；E. 电厂；F. 垃圾处理场；G. 其他，

请写出_____

您居住的位置距离您选择的上述环境污染源大约_____米

5. 您居住地附近过去曾有的环境污染来源是如下哪种？（可多选）

A. 工矿企业生产过程的三废（废水、废气、废渣）排放；B. 污水灌溉；C. 化工厂；D. 冶炼厂；E. 电厂；F. 垃圾处理场；G. 其他，请写出_____

您居住的位置距离您选择的上述环境污染源大约_____米

6. 您主要购买使用以下哪种或哪几种农药？（多选）

A. 滴滴涕；B. 六六六；C. 氯丹；D. 甲胺磷（多灭灵）；E. 毒杀芬（氯化莰）；F. 乐果；G. 西维因；H. 敌百虫；I. 甲基1605；J. 三氯杀螨醇；K. 其他，请写出_____

7. 您抽烟吗？A 抽；B 不抽

① 如果您抽烟，每天平均抽几支？A. 1~3 支；B. 3~10 支；C. 10~20 支；D. 一盒以上

② 您抽烟时间长度：A. 1~3 年；B. 3~10 年；C. 10~20 年；D. 20 年以上

8. 您的家人和同事中是否有人吸烟？   A. 是；B. 否

9. 您参加体育锻炼吗？   A. 从不；B. 偶尔；C. 经常

① 如果您参加锻炼，您目前的锻炼频度？

A. 小于 1 次/周；B. 1~3 次/周；C. 大于等于 3 次/周

② 您目前的运动量（全天可累计）？

A. 小于 30 分钟/日；B. 大于等于 30 分钟/日

10. 您的室外活动时间：

A. 小于 3 小时/天；B. 3~6 小时/天；C. 6~10 小时/天；D. 10 小时以上/天

11. 附近有没有发生过环境污染造成的事故？

A. 没有；B. 人畜饮水中毒；C. 化工厂爆炸或泄漏；D. 其他____

您选择的上述事故发生于____年，由什么引起的？请回答_____

二、健康状况

1. 您目前或曾经出现以下哪些症状：

□头晕头痛　□全身没力气　□嗅觉减退　□语言和听力障碍　□食欲下降　□消瘦　□睡眠不好　□记忆力下降　□关节肌肉疼痛　□腹痛、便秘或腹泻　□胸闷、气喘　□痉挛、麻痹　□贫血　□无上述症状

2. 您目前或曾经有过以下哪些疾病：

□皮炎　□皮肤癌　□肺癌　□肺炎　□支气管炎　□胃癌　□胃肠炎　□骨质疏松　□肾炎　□乳腺癌　□子宫肌瘤　□前列腺癌　□阴囊癌　□结石　□无上述疾病

① 患者得病时间是（请填写）_____

② 家里是否有遗传：A. 有；B. 无　　与患者的关系，请写出_____（比如父子）

③ 患者小时候是否是母乳喂养：A. 是；B. 否

3. 您或您的家人是否曾流产：A. 是；B. 否

4. 您的家人是否曾有新生儿出生缺陷：A. 有；B. 无

如果有的话，症状为：

A. 畸形儿；B. 智力低下；C. 先天性心脏病；D. 白血病；E. 青光眼；F. 其他_____

三、饮食习惯

1. 您居住地的饮用水属于以下哪种？

A. 自来水；B. 自打井水；C. 桶装饮用水；D. 其他，请写出____

2. 过去 30 天，您平均的饮食情况：

① 新鲜的蔬菜（尤其是绿色蔬菜）：

A. 8 两以上/天；B. 5~7 两/天；C. 3~4 两/天；D. 2 两以下/天

② 新鲜的水果：

A. 8 两以上/天；B. 5~7 两/天；C. 3~4 两/天；D. 2 两以下/天

③ 奶及奶制品：

A. 1 斤以上/天； B. 半斤/天； C. 半斤以下/天； D. 少吃或不吃/天

④ 豆类或豆制品：

A. 5 两以上/天； B. 3~4 两/天； C. 1~2 两/天； D. 很少或不吃/天

⑤ 蛋类：

A. 3 个以上/天； B. 1~2 个/天； C. 1 个以下/天； D. 少吃或不吃/天

⑥ 每周有多少次吃甜食，如点心、冰激凌、奶糖等：

A. 5~7 次； B. 3~4 次； C. 1~2 次； D. <1 次

⑦ 每周有多少次吃含油和脂肪多的食物，如油炸食品、肥肉等：

A. 5~7 次； B. 3~4 次； C. 1~2 次； D. <1 次

⑧ 每周有多少次吃腌制或熏制的食品：

A. 5~7 次； B. 3~4 次； C. 1~2 次； D. <1 次

3. 您食用主食的情况：

	大米	面食	杂粮
每周食用次数			
每次食用量（以两计）			

注：1 两 = 50g，下同

4. 您食用的大米的产地：

A. 全是本地； B. 全是外地； C. 本地较多，外地少； D. 外地较多，本地少

5. 您食用的蔬菜的主要来源：

A. 市场购买； B. 自家种植

6. 您食用的如下哪一类蔬菜居多（以一年平均情况计）？

A. 叶菜类（如菠菜等）； B. 根茎类（如萝卜等）； C. 瓜果类（如黄瓜等）

7. 过去 30 天，您家烹调用的油是哪一种？

A. 全是动物油； B. 全是植物油； C. 多动物油，少植物油； D. 多植物油，少动物油

8. 您食用肉类食品的情况：

	猪肉	牛肉	羊肉	鸡肉	鸭肉	鱼肉	海鲜
每周食用次数							
每次食用量（以两计）							
是否产于本地							

性别：_____ 年龄：_____ 学历：_____ 居住地：_____ 区_____ 路　　在本地的居住时间：_____ 年

附录二　非负约束斜交旋转 Matlab 实现过程

```
function f（C，R）
i=1；
while（1）
i=i+1
    R0=R；
R0（find（R<0））=0；
T=R0*R'*inv（R*R'）；
RSTAR=T*R；
CSTAR=C*inv（T）；
CSTAR0=CSTAR；
CSTAR0（find（CSTAR<0））=0；

S=inv（CSTAR'*CSTAR）*inv（CSTAR'*CSTAR0）；
CSTARSTAR=CSTAR*S；
RSTARSTAR=inv（S）*RSTAR；
C=CSTARSTAR；
R=RSTARSTAR；
```

```
    temp=length（find（C<（-0.01）））+length（find（R<
（-0.01）））；
    if（temp==0）
        break；
end
if（i>2）
        break
end
end
```

参考文献

安中华，董元华，安琼，等，2004. 苏南某市农田土壤环境质量评价及其分级 [J]. 土壤，36（6）：631-635.

曹云者，施烈焰，李丽和，等，2007. 石油烃污染场地环境风险评价与风险管理 [J]. 生态毒理学报，2（3）：265-272.

晁雷，周启星，陈苏，等，2007. 沈阳某冶炼厂废弃厂区的人类健康风险评价 [J]. 应用生态学报，18（8）：1807-1812.

陈鸿汉，谌宏伟，何江涛，等，2006. 污染场地健康风险评价的理论和方法 [J]. 地学前缘，13（1）：216-223.

陈雪东，2002. 列联表分析及在 SPSS 中的实现 [J]. 数理统计与管理，21（1）：14-18，40.

谌宏伟，陈鸿汉，刘菲，等，2006. 污染场地健康风险评价的实例研究 [J]. 地学前缘，13（1）：230-235.

崔艳红，巨天珍，曹军，等，2003. 加速溶剂提取法测定蔬菜中的多环芳烃和有机氯化合物 [J]. 农业环境科学学报，22（3）：364-367.

大连统计局，2007. 大连统计年鉴 [M]. 北京：中国统计出版社.

邓正林，姚圣虎，2002. 问卷调查中定性数分析方法及其应用 [J]. 江苏统计，1221-1222.

丁爱芳，2007. 南京市六合区农田土壤中 PAHs 的含量及评价 [J]. 南京晓庄学院学报，23（6）：63-65.

段永红，陶澍，王学军，等，2005. 天津表土中多环芳烃含量的空间分布特征与来源 [J]. 土壤学报，42（6）：942-947.

高继军，张力平，黄圣彪，等，2004. 北京市饮用水源水重金属污染物健康风险的初步评价 [J]. 环境科学，25（2）：47-50.

葛成军，安琼，董元华，2005. 钢铁工业区周边农业土壤中多环芳烃（PAHs）残留及评价［J］. 农村生态环境，21（2）：66-69，73.

葛成军，安琼，董元华，等，2006. 南京某地农业土壤中有机污染分布状况研究［J］. 长江流域资源与环境，15（3）：361-365.

葛晓立，焦杏春，袁欣，等，2008. 徐州土壤多环芳烃的环境地球化学迁移特征［J］. 岩矿测试，27（6）：409-412.

龚钟明，曹军，李本纲，等，2003b. 天津地区土壤中六六六（HCH）的残留及分布特征［J］. 中国环境科学，23（3）：311-314.

龚钟明，王学军，李本纲，等，2003a. 天津地区土壤中DDT的残留分布研究［J］. 环境科学学报，23（4）：447-451.

谷庆宝，颜增光，周友亚，等，2007. 美国超级基金制度及其污染场地环境管理［J］. 环境科学研究，20（5）：84-88.

国家海洋局，2007. 中国海洋统计年鉴［M］. 北京：海洋出版社.

国家煤矿安全监察局，2007. 中国煤炭工业年鉴［M］. 北京：中国煤炭工业出版社.

国家统计局，2009. 统计数据—专题数据［R］. Available from http://www.stats.gov.cn/tjsj/.

国家统计局城市社会经济调查司，2007. 中国城市统计年鉴［M］. 北京：中国统计出版社.

郝红涛，孙波，周生路，等，2008. 太湖地区蔬菜地土壤中有机氯农药残留的变化［J］. 农业环境科学学报，27（3）：862-866.

郝蓉，彭少麟，宋艳暾，等，2004. 汕头经济特区土壤中优控多环芳烃的分布［J］. 生态环境，13（3）：323-326.

胡二邦，2000. 环境风险评价实用技术和方法［M］. 北京：中国环境科学出版社.

黄翔，周炳炎，黄国忠，等，2006. 我国POPs污染场地的环境管理基础与完善对策研究［J］. 环境科学与管理，811-813.

姜永海，韦尚正，席北斗，等，2009. PAHs在我国土壤中的污染现状及其研究进展［J］. 生态环境学报，18（3）：1176-1181.

焦文涛, 2009. 环渤海地区多环芳烃的区域分布特征及影响因素分析 [D]. 北京: 中国科学院.

金广远, 王铁宇, 颜丽, 等, 2010. 北京官厅水库周边土壤 DDTs 和 HCHs 暴露特征与风险评价 [J]. 环境科学, 31 (5): 240-245.

金士威, 黎明, 廖涛, 等, 2009. 武汉市郊农田土壤中有机氯农药的残留分析 [J]. 武汉工程大学学报, 31 (7): 1-3, 22.

匡少平, 孙东亚, 2008. 中原油田周边土壤中 PAHs 的污染特征及评价 [J]. 世界科技研究与发展, 30 (4): 422-425.

李静, 吕永龙, 焦文涛, 等, 2008. 天津滨海工业区土壤中多环芳烃的污染特征及来源分析 [J]. 环境科学学报, 28 (10): 2111-2117.

李久海, 董元华, 曹志洪, 等, 2007. 慈溪市农田表层、亚表层土壤中多环芳烃 (PAHs) 的分布特征 [J]. 环境科学学报, 27 (11): 1909-1914.

李娟娟, 陈家玮, 刘晨, 等, 2008. 北京郊区土壤中 DDT (滴滴涕) 残留调查及评价 [J]. 地质通报, 27 (2): 252-256.

李丽和, 2007. 石油烃污染场地风险评价及案例研究 [D]. 北京: 北京化工大学.

李丽和, 曹云者, 李秀金, 等, 2007. 典型石油化工污染场地多环芳烃土壤指导限值的获取与风险评价 [J]. 环境科学研究, 20 (1): 30-35.

李丽娜, 2007. 上海市多介质环境中持久性毒害污染物的健康风险评价 [D]. 上海: 华东师范大学.

李新荣, 2007. 天津地区多环芳烃排放、扩散和人群暴露的空间分异 [D]. 北京: 北京大学.

李莹, 周刚, 张柯, 等, 2006. 问卷调查的质量控制及影响因素分析 [J]. 社区医学杂志, 4 (07S): 1-2.

厉曙光, 潘定华, 1991. 食油及其加热过程中的 Bap, DBahA 含量分析 [J]. 上海环境科学, 10 (9): 35-36.

辽宁省统计局, 2007. 辽宁统计年鉴 [M]. 北京: 中国统计出版社.

廖义军, 2009. 广州地区特殊区域土壤多环芳烃 (PAHs) 初探 [J]. 三峡环境与生态, 2 (4): 13-15.

林静, 杨万勤, 张健, 等, 2009. 丘陵平原过渡区不同土地利用方式土壤 DDTs 残留及潜在风险 [J]. 土壤学报, 4736-4740.

刘晨, 陈家玮, 杨忠芳, 等, 2008. 北京郊区农田土壤中 HCH 残留调查及评价 [J]. 物探与化探, 32 (5): 567-570.

刘明阳, 刘建华, 张馥, 等, 2004. 我国有机氯污染物污染现状及监控对策 [J]. 环境科学与技术, 27 (3): 108-110.

刘期松, 1984. 污灌土壤中多环芳烃自净的微生物效应 [J]. 环境科学学报, 4 (2): 185-192.

刘文杰, 谢文明, 陈大舟, 等, 2007. 卧龙自然保护区土壤中有机氯农药的来源分析 [J]. 环境科学研究, 20 (6): 27-32.

刘文新, 李尧, 左谦, 等, 2008. 渤海湾西部表土中 HCHs 与 DDTs 的残留特征 [J]. 环境科学学报, 1142-1149.

芦敏, 袁东星, 欧阳通, 等, 2008. 厦门岛表土中多环芳烃来源分析及健康风险评估 [J]. 厦门大学学报: 自然科学版, 47 (3): 451-456.

罗启仕, 李小平, 耿春女, 等, 2007. 上海建设用地土壤指导限值及其应用研究 [J]. 农业环境科学学报, 26 (5): 1952-1957.

马瑾, 周永章, 张天彬, 等, 2008. 珠三角典型区域土壤多环芳烃 (PAHs) 的多元统计分析: 以佛山市顺德区为例 [J]. 农业环境科学学报, 27 (5): 1747-1751.

马骁轩, 冉勇, 2009. 珠江三角洲土壤中的有机氯农药的分布特征 [J]. 生态环境学报, 18 (1): 134-137.

毛小苓, 刘阳生, 2003. 国内外环境风险评价研究进展 [J]. 应用基础与工程科学学报, 11 (3): 266-273.

庞绪贵, 张帆, 王红晋, 等, 2009. 鲁西南地区土壤中有机氯农药的残留及其分布特征 [J]. 地质通报, 28 (5): 667-670.

乔敏, 黄圣彪, 朱永官, 等, 2007. 太湖梅梁湾沉积物中多环芳烃的生态和健康风险 [J]. 生态毒理学报, 2 (4): 456-463.

秦皇岛市统计局，2007. 秦皇岛统计年鉴 [M]. 北京：中国统计出版社.

邱黎敏，张建英，骆永明，2005. 浙北农田土壤中 HCH 和 DDT 的残留及其风险 [J]. 农业环境科学学报，24（6）：1161-1165.

邵学新，吴明，蒋科毅，2008. 西溪湿地土壤有机氯农药残留特征及风险分析 [J]. 生态与农村环境学报，24（1）：55-58，62.

单艳红，林玉锁，王国庆，2009. 加拿大污染场地的管理方法及其对我国的借鉴 [J]. 生态与农村环境学报，25（3）：90-93，108.

沈菲，朱利中，2007. 钢铁工业区附近农田蔬菜 PAHs 的浓度水平及分布 [J]. 环境科学，28（3）：669-672.

史春风，李文东，倪峰，1999. 松花江干流哈尔滨段水环境 [J]. 健康风险评价，3（27）：75-76.

宋雪英，孙丽娜，杨晓波，等，2008. 辽河流域表层土壤多环芳烃污染现状初步研究 [J]. 农业环境科学学报（1）：216-220.

孙娜，陆晨刚，高翔，等，2007. 青藏高原东部土壤中多环芳烃的污染特征及来源解析 [J]. 环境科学，3（28）：25-29.

孙小静，石纯，许世远，等，2008a. 上海北部郊区土壤多环芳烃含量及来源分析 [J]. 环境科学研究，21（4）：140-144.

孙小静，许世远，魏廉虢，等，2008b. 上海郊区表层土壤中 DDT 残留特征 [J]. 生态环境，17（2）：615-618.

唐明金，徐志新，左谦，等，2006. 粤港澳地区多环芳烃的多介质归趋 [J]. 生态环境，15（4）：670-673.

唐山市统计局，2007. 唐山统计年鉴 [M]. 北京：中国统计出版社.

田裘学，1997. 健康风险评价的基本内容与方法 [J]. 甘肃环境研究与监测，10（4）：32-36.

王建国，单艳红，2001. 模糊数学在土壤质量评价中的应用研究 [J]. 土壤学报，38（2）：176-183.

王炜明，张黎明，郑良永，2005. 土壤信息系统的研究现状与应用 [J]. 华南热带农业大学学报，11（2）：28-31.

王喜龙，徐福留，2003. 天津污灌区苯并（a）芘的分布和迁移通量模型［J］. 环境科学学报，23（1）：88-93.

王宣同，唐孝炎，胡建信，2005. 利用 TaPL3 模型计算 p，p'-DDT 在天津地区的长距离传输潜力［J］. 环境科学学报，25（4）：491-496.

王英，2003. 问卷调查的质量控制［J］. 商业经济与管理，425-427.

王震，2007. 辽宁地区土壤中多环芳烃的污染特征、来源及致癌风险［D］. 大连：大连理工大学.

吴永宁，2003. 现代食品安全科学［M］. 北京：化学工业出版社.

肖春艳，邰超，赵同谦，等，2008. 燃煤电厂附近农田土壤中多环芳烃的分布特征［J］. 环境科学学报，28（8）：1579-1885.

谢重阁，张月英，孙兰香，1991. 环境中的苯并［a］芘及其分析技术［M］. 北京：中国环境科学出版社.

许川，舒为群，罗财红，等，2007. 三峡库区水环境多环芳烃和邻苯二甲酸酯类有机污染物健康风险评价［J］. 环境科学研究，20（5）：57-60.

杨国义，万开，张天彬，等，2008. 广东省典型区域农业土壤中六六六（HCHs）和滴滴涕（DDTs）的残留及其分布特征［J］. 环境科学研究，21（1）：113-117.

杨宇，胡建英，陶澍，2005. 天津地区致癌风险的预期寿命损失分析［J］. 环境科学，26（1）：168-172.

于新民，陆继龙，郝立波，等，2007. 吉林省中部土壤有机氯农药的含量及组成［J］. 地质通报，26（11）：1476-1479.

臧振远，赵毅，尉黎，等，2008. 北京市某废弃化工厂的人类健康风险评价［J］. 生态毒理学报，3（1）：48-54.

曾光明，李新民，1997. 水环境健康风险评价模型及其应用［J］. 水电能源科学，15（4）：28-33.

张惠兰，车宏宇，2001. 辽宁省绿色食品生产基地土壤中有机氯农药残留分析［J］. 杂粮作物，21（3）：44-45.

张凯，祁士华，邢新丽，等，2009. 成都经济区土壤中 HCH 和

DDT 含量及其分布特点 [J]. 环境科学与技术, 32 (5): 66-70, 8.

张天彬, 饶勇, 万洪富, 等, 2005b. 东莞市土壤中有机氯农药的含量及其组成 [J]. 中国环境科学, 25 (B06): 89-93.

张天彬, 杨国义, 万洪富, 等, 2005a. 东莞市土壤中多环芳烃的含量、代表物及其来源 [J]. 土壤, 37 (3): 265-271.

张应华, 刘志全, 李广贺, 等, 2008. 土壤苯污染引起的饮用地下水健康风险评价 [J]. 土壤学报, 182-189.

章海波, 骆永明, 黄铭洪, 等, 2005. 香港土壤研究Ⅲ. 土壤中多环芳烃的含量及其来源初探 [J]. 土壤学报, 42 (6): 936-941.

章文波, 陈红艳, 2006. 实用数据统计分析及 SPSS 12.0 应用 [M]. 北京: 人民邮电出版社.

中国气象数据共享服务网. 中国气候标准值 [EB/OL]. 2009. http://cdc.cma.gov.cn/shishi/climate.jsp?stprovid=河北&station=54423.

中国土壤普查办公室, 1998. 中国土壤 [M]. 北京: 中国农业出版社.

中华人民共和国卫生部, 2006. 2006 中国卫生统计年鉴 [M]. 北京: 协和医科大学出版社.

周晓燕, 崔兆杰, 2009. 土壤及果树中 HCH 和 DDT 残留及分布规律研究 [J]. 环境科学与技术, 32 (5): 62-65.

ABHILASH P C, JAMILA S, 2008. Occurrence and distribution of hexachlorocyclohexane isomers in vegetation samples from a contaminated area [J]. Chemosphere, 72 (1): 79-86.

AN Q, DONG Y H, WANG H, 2005. Residues and distribution character of organochlorine pesticides in soils in Nanjing area [J]. Acta Scientiae Circumstantiae, 15 (3): 361-365.

AN Z H, DONG Y H, AN Q, et al., 2004. Evaluation and grading of soil environmental quality of farmlands somewhere in south Jiang Su [J]. Soils, 36 (6): 631-635.

BARRAJ L M, PETERSON B J, TOMERLIN J R, et al., 2000. Background Document for the Sessions: Dietary Exposure Evaluation Model and DEEM Decomposting Procedure and Software [M]. Washington, DC: Novigen Sciences Inc.

BARRIADA-PEREIRA M, GONZALEZ-CASTRO M J, MUNIAT-EGUI-LORENZO S, et al., 2005. Organochlorine pesticides accumulation and degradation products in vegetation samples of a contaminated area in Galicia (NW Spain) [J]. Chemosphere, 58 (11): 1571-1578.

BATCHELOR B, VALDES J, ARAGANTH V, 1998. Stochastic Risk Assessment of Sites Contaminated by Hazardous Wastes [J]. Journal of Environmental Engineering, 124 (4): 380-388.

BIBRA I, 1995. A Critical Review of the Methodology for the Estimation of Dietary Intake of Food Chemicals in the UK [R]. MAFF Report, 1A005.

BOFFETTA P, JOURENKOVA N, GUSTAVSSON P, 1997. Cancer risk from occupational and environmental exposure to polycyclic aromatic hydrocarbons [J]. Cancer Causes & Control, 8 (3): 444-472.

BRILHANTE O M, FRANCO R, 2006. Exposure pathways to HCH and DDT in Cidade dos Meninos and its surrounding districts of Amapa, Figueiras and Pilar, metropolitan regions of Rio de Janeiro, Brazil [J]. International Journal of Environmental Health Research, 16 (3): 205-217.

BURMASTER D E, 1998. Lognormal Distributions for Skin Area as a Function of Body Weight [J]. Risk Analysis, 18 (1): 27-32.

CABRAL J R, HALL R K, ROSSI L, et al., 1982. Effects of long-term intake of DDT on rats [J]. Tumori, 68 (1): 11-17.

CAI Q Y, MO C H, WU Q T, et al., 2008. The status of soil contamination by semivolatile organic chemicals (SVOCs) in China: A review [J]. Science of the Total Environment, 389 (2-3):

209-224.

CAO H Y, TAO S, XU F L, et al., 2004. Multimedia fate model for hexachlorocyclohexane in Tianjin, China [J]. Environmental Science & Technology, 38 (7): 2126-232.

CCME, 1999. Canadian Soil Quality Guidelines for the Protection of Environmental and Human Health: Summary of a Protocol for the Derivation of Environmental and Human Health Soil Quality Guidelines [R]. Winnipeg: Canadian Council of Ministers of the Environment.

CCME, 2001. Canada-Wide Standards for Petroleum Hydrocarbons in Soil [R]. Manitoba, Canada: Canadian Council of Ministers of the Environment.

CHAU N, BERTRAND J P, MUR J M, et al., 1993. Mortality in retired coke oven plant workers [J]. British Journal of Industrial Medicine, 50 (2): 127-135.

CHOWDHURY S, CHAMPAGNE P, MCLELLAN P J, 2009. Uncertainty characterization approaches for risk assessment of DBPs in drinking water: A review [J]. Journal of Environmental Management, 90 (5): 1680-1691.

CLEMENT J G, OKEY A B, 1974. Reproduction in Female Rats Born to DDT-Treated Parents [J]. Bulletin of Environmental Contamination and Toxicology, 12 (3): 373-377.

COSTANTINO J P, REDMOND C K, BEARDEN A, 1995. Occupationally Related Cancer Risk among Coke-Oven Workers-30 Years of Follow-Up [J]. Journal of Occupational and Environmental Medicine, 37 (5): 597-604.

COVACI A, HURA C, SCHEPENS P, 2001. Selected persistent organochlorine pollutants in Romania [J]. Science of the Total Environment, 280 (1-3): 143-152.

DOLL R, 1952. The Causes of Death among Gas-Workers with Special Reference to Cancer of the Lung [J]. British Journal of Industrial

Medicine, 9 (3): 180-185.

DOLL R, FISHER R E W, GAMMON E J, et al., 1965. Mortality of Gasworkers with Special Reference to Cancers of Lung and Bladder Chronic Bronchitis and Pneumoconiosis [J]. British Journal of Industrial Medicine, 22 (1): 1-&.

DOLL R, VESSEY M P, FISHER R E W, et al., 1972. Mortality of Gasworkers-Final Report of a Prospective Study [J]. British Journal of Industrial Medicine, 29 (4): 394-&.

ERIKSSON P, ARCHIER T, FREDRIKSSON A, 1990. Altered behaviour in adult mice expoded to a single low dose of DDT and its fatty acid conjugate as neonates [J]. Brain research, 514 (1): 141-142.

EVANOFF B A, GUSTAVSSON P, HOGSTEDT C, 1993. Mortality and Incidence of Cancer in a Cohort of Swedish Chimney Sweeps-an Extended Follow-up-Study [J]. British Journal of Industrial Medicine, 50 (5): 450-459.

FABRO S, MCLACHLAN J, DAMES N, 1984. Chemical exposure of embryos during the preimplantation stages of pregnancy: mortality rate and intrauterine development [J]. American Journal of Obstetrics & Gynecology, 148 (7): 929-938.

FARRIER D S, PANDIAN M D, 2002. CARES Cumulative Aggregate Risk Evaluation System: User Guide [M]. Washington, DC: Croplife America.

FERGNSON C C, 1999. Assessing risk from contaminated sites: Policy and practice in 16 European countries [J]. Land Contamination and Reclamation, 2 (7): 33-54.

FINLEY B, PROCTOR D, SCOTT P, et al., 1994. Recommended Distributions for Exposure Factors Frequently Used in Health Risk Assessment [J]. Risk Analysis, 14 (4): 533-553.

FRANCO F, CHELLINI E, SENIORI C A, et al., 1993. Mortality in the coke oven plant of Carrara, Italy [J]. La Medicina del lavoro, 84 (6): 443-447.

FRYER M, COLLINS C D, FERRIER H, et al., 2006. Human exposure modelling for chemical risk assessment: a review of current approaches and research and policy implications [J]. Environmental Science & Policy, 9 (3): 261-274.

GELBOIN H V, PAUL O P T O, 1979. Polycyclic Hydrocarbons and Cancer [M]. New York: Academic Press.

GERBER C, VON HOCHSTETTERM A R, SCHULER G, et al., 1995. Penis carcinoma in a young chimney sweep. Case report 200 years following the description of the first occupational disease [J]. Schweiz Med Wochenschr, 125 (24): 1201-1205.

GONG Z M, CAO J, LI B G, et al., 2003. Residues and distribution characters of HCH in soils of Tianjin area [J]. China Environmental Science, 23 (4): 447-451.

GONG Z M, TAO S, XU F L, et al., 2004. Level and distribution of DDT in surface soils from Tianjin, China [J]. Chemosphere, 54 (8): 1247-1253.

HAYES W J, 1976. Mortality in 1969 from Pesticides, including Aerosols [J]. Archives of Environmental Health, 31 (2): 61-72.

HELZLSOUER K J, ALBERG A J, HUANG H Y, et al., 1999. Serum concentrations of organochlorine compounds and the subsequent development of breast cancer [J]. Cancer Epidemiology Biomarkers & Prevention, 8 (6): 525-532.

HUSAIN N, GATER R, TOMENSON B, et al., 2006. Comparison of the Personal Health Questionnaire and the Self Reporting Questionnaire in rural Pakistan [J]. Journal of the Pakistan Medical Association, 56 (8): 366-370.

IPCS, 1978. Environmental Health Criteria 6: Principles and Methods for Evaluating the Toxicity of Chemicals, Part I [M]. Geneva: WHO.

IPCS, 1983. Environmental Health Criteria 27: Guidelines on Studies in Environmental Epidemiology [M]. Geneva: WHO.

IPCS, 1999. Environmental Health Criteria 210: Principles for the Assessment of Risks to Human Health from Exposure to Chemicals [M]. Geneva: WHO.

JANE H, CHRIS C, RICHARD W, 2000. MOMs and POPs [M]. Washington, D C: Environmental Working Group.

JONSSON JR H T, JULIAN E K, RUSSELL G G, et al., 1975. Prolonged ingestion of commercial DDT and PCB: effects on progesterone levels and reproduction in the mature female rat [J]. Archives of Environmental Contamination and Toxicology, 3 (4): 479-490.

KHWAJA M A, 2008. POPs Hot Spot Soil Contamination due to a Demolished Dichlorodiphenyltrichloroethane (Persistent Organic Pollutant) Factory, Nowshera, NWFP, Pakistan [J]. Environmental Challenges in the Pacific Basin, 1140 (1): 113-120.

KNAFLA A, PHILLIPPS K A, BRECHER R W, et al., 2006. Development of a dermal cancer slope factor for benzo [a] pyrene [J]. Regulatory Toxicology and Pharmacology, 45 (2): 159-168.

LEBEL G, DODIN S, AYOTTE P, et al., 1998. Organochlorine exposure and the risk of endometriosis [J]. Fertility and Sterility, 69 (2): 221-228.

LI A, JANG J K, SCHEFF P A, 2003. Application of EPA CMB8. 2 model for source apportionment of sediment PAHs in Lake Calumet, Chicago [J]. Environmental Science & Technology, 37 (13): 2958-2965.

LI J J, CHEN J W, LIU C, et al., 2008. Investigation and evaluation of DDT residues in soils in the suburbs Of Beijing, China [J]. Geological Bulletin of China, 27 (2): 252-256.

LI X H, ZHU Y F, LIU X F, et al., 2006. Distribution of HCHs and DDTs in soils from Beijing City, China [J]. Archives of Environmental Contamination and Toxicology, 51 (3): 329-336.

LI X, MA L, LIU X, et al., 2006. Polycyclic aromatic hydrocarbon in urban soil from Beijing, China [J]. Journal of Environmental Sciences, 18 (5): 944-950.

LIAO C M, CHIANG K C, 2006. Probabilistic risk assessment for personal exposure to carcinogenic polycyclic aromatic hydrocarbons in Taiwanese temples [J]. Chemosphere, 63 (9): 1610-1619.

LIAO X Y, CHEN T B, XIE H, et al., 2005. Soil As contamination and its risk assessment in areas near the industrial districts of Chenzhou City, Southern China [J]. Environment International, 31 (6): 791-798.

LU M, YUAN D, OUYANG T, et al., 2008. Source Analysis and Health Risk Assessment of Polycyclic Aromatic Hydrocarbons in the Topsoil of Xiamen Island [J]. Journal of Xiamen University, 47 (3): 451-456.

LUNDBERG T, 1974. Effect of DDT on cytochrome p-450 and oestrogen-dependent functions in mice [J]. Environmental Physiology & Biochemistry, 4 (5): 200-204.

MALISZEWSKA-KORDYBACH B, 1996. Polycyclic aromatic hydrocarbons in agricultural soils in Poland: preliminary proposals for criteria to evaluate the level of soil contamination [J]. Applied Geochemistry, 11 (1-2): 121-127.

MANZ M, WENZEL K D, DIETZE U, et al., 2001. Persistent organic pollutants in agricultural soils of central Germany [J]. The Science of The Total Environment, 277 (1-3): 187-198.

MORRA P, BAGLI S, SPADONI G, 2006. The analysis of human health risk with a detailed procedure operating in a GIS environment [J]. Environment International, 32 (4): 444-454.

MUMFORD J L, LI X M, HU F D, et al., 1995. Human exposure and dosimetry of polycyclic aromatic hydrocarbons in urine from Xuan Wei, China with high lung cancer mortality associated with exposure to unvented coal smoke [J]. Carcinogenesis, 16 (12):

3031-3036.

NISBET I C T, LAGOY P K, 1992. Toxic Equivalency Factors for Polycyclic Aromatic Hydrocarbons [J]. Regulatory Toxicology and Pharmacology, 16 (3): 290-300.

NRC, 1983. Risk Assessment in the Federal Government: Managing the Process [M]. Washington, DC: National Academy Press.

NRC, 1994. Science and Judgment in Risk Assessment [M]. Washington, DC: National Academy Press.

OBERG T, BERGBACK B, 2005. A review of probabilistic risk assessment of contaminated land [J]. Journal of Soils and Sediments, 5 (4): 213-224.

OKX J, 1998. Soil Remediation: A Systems Approach [M]. Wageningen: Wageuingen Agricultural University.

PINKNEY A E, MCGOWAN P C, 2006. Use of the p, p'-DDD: p, p'-DDE concentration ratio to trace contaminant migration from a hazardous waste site [J]. Environmental Monitoring and Assessment, 120 (1-3): 559-574.

RICKING M, 1999, TERYTZE K. Trace metals and organic compounds in sediment samples from the River Danube in Russe and Lake Srebarna (Bulgaria) [J]. Environmental Geology, 37 (1-2): 40-46.

ROSS P, 1948. Occupational Skin Lesions Due to Pitch and Tar [J]. British Medical Journal, 2 (4572): 369-374.

SCAZUFCA M, MENEZES P R, VALLADA H, et al., 2009. Validity of the self reporting questionnaire - 20 in epidemiological studies with older adults [J]. Social Psychiatry and Psychiatric Epidemiology, 44 (3): 247-254.

SHI Z, TAO S, PAN B, et al., 2005. Contamination of rivers in Tianjin, China by polycyclic aromatic hydrocarbons [J]. Environmental Pollution, 134 (1): 97-111.

STEINEMANN A, 2000. Rethinking human health impact assessment [J]. Environmental Impact Assessment Review, 20 (6): 627-645.

STURGEON S R, BROCK J W, POTISCHMAN N, et al., 1998. Serum concentrations of organochlorine compounds and endometrial cancer risk (United States) [J]. Cancer Causes & Control, 9 (4): 417-424.

SUAREZ B, LOPE V, PEREZ - GOMEZ B, et al., 2005. Acute health problems among subjects involved in the cleanup operation following the Prestige oil spill in Asturias and Cantabria (Spain) [J]. Environmental Research, 99 (3): 413-424.

SWAEN G M H, SLANGEN J J M, VOLOVICS A, et al., 1991. Mortality of Coke Plant Workers in the Netherlands [J]. British Journal of Industrial Medicine, 48 (2): 130-135.

TAO S, CUI Y H, XU F, et al., 2004. Polycyclic aromatic hydrocarbons (PAHs) in agricultural soil and vegetables from Tianjin [J]. Science of the Total Environment, 320 (1): 11-24.

TAO S, YANG Y, CAO H Y, et al., 2006. Modeling the dynamic changes in concentrations of gamma-hexachlorocyclohexane (gamma-HCH) in Tianjin region from 1953 to 2020 [J]. Environmental Pollution, 139 (1): 183-193.

TIAN F, CHEN J, QIAO X, et al., 2008. Source identification of PCDD/Fs and PCBs in pine (Cedrus deodara) needles: A case study in Dalian, China [J]. Atmospheric Environment, 42 (19): 4769-4777.

TURUSOV V, RAKITSKY V, TOMATIS L, 2002. Dichlorodiphenyltrichloroethane (DDT): Ubiquity, persistence, and risks [J]. Environmental Health Perspectives, 110 (2): 125-128.

VERMEIRE T G, JAGER D T, BUSSIAN B, et al., 1997. European Union System for the Evaluation of Substances (EUSES). Principles and structure [J]. Chemosphere, 34 (8): 1823-1836.

WANG G, LU Y L, LI J, et al., 2009a. Regional differences and sources of organochlorine pesticides in soils surrounding chemical industrial parks [J]. Environmental Monitoring and Assessment,

152 (1-4): 256-259.

WANG G, LU Y L, WANG T Y, et al., 2009b. Factors Influencing the Spatial Distribution of Organochlorine Pesticides in Soils surrounding Chemical Industrial Parks [J]. Journal of Environmental Quality, 38 (1): 180-187.

WANG T Y, LU Y L, SHI Y J, et al., 2005a. Spatial distribution of organochlorine pesticide residues in soils surrounding guanting reservoir, People's Republic of China [J]. Bulletin of Environmental Contamination and Toxicology, 74 (4): 623-630.

WANG T Y, LU Y L, ZHANG H, et al., 2005b. Contamination of persistent organic pollutants (POPs) and relevant management in China [J]. Environment International, 31 (6): 813-821.

WANG X L, TAO S, XU F L, et al., 2002. Modeling the fate of benzo [a] pyrene in the wastewater-irrigated areas of Tianjin with a fugacity model [J]. Journal of Environmental Quality, 31 (3): 896-903.

WANG X T, CHU S G, MA L L, et al., 2004. Contamination of priority polycyclic aromatic hydrocarbons in water from guanting reservoir and the Yongding River, China [J]. Bulletin of Environmental Contamination and Toxicology, 72 (1): 194-201.

WANG X, PIAO X, CHEN J, et al., 2006. Organochlorine pesticides in soil profiles from Tianjin, China [J]. Chemosphere, 64 (9): 1514-1520.

WCISLO E, IOVEN D, KUCHARSKI R, et al., 2002. Human health risk assessment case study: an abandoned metal smelter site in Poland [J]. Chemosphere, 47 (5): 507-515.

WILCKE W, 2000. Polycyclic Aromatic Hydrocarbons (PAHs) in soil-a review [J]. Journal of Plant Nutrition and Soil Science, 163 (3): 229-248.

WILLETT K L, ULRICH E M, HITES R A, 1998. Differential toxicity and environmental fates of hexachlorocyclohexane isomers [J]. Environmental Science & Technology, 32 (15): 2197-2207.

WONG H L, GIESY J P, LAM P K S, 2006. Organochlorine insecticides in mudflats of Hong Kong, China [J]. Archives of Environmental Contamination and Toxicology, 50 (2): 153-165.

WU S P, TAO S, LIU W X, 2006. Particle size distributions of polycyclic aromatic hydrocarbons in rural and urban atmosphere of Tianjin, China [J]. Chemosphere, 62 (3): 357-367.

WU S P, TAO S, XU F L, et al., 2005. Polycyclic aromatic hydrocarbons in dustfall in Tianjin, China [J]. Science of the Total Environment, 345 (1-3): 115-126.

WU W, 1988. Occupational-Cancer Epidemiology in the Peoples-Republic-of-China [J]. Journal of Occupational and Environmental Medicine, 30 (12): 968-974.

XU L, LIU G, 2009. The study of a method of regional environmental risk assessment [J]. Journal of Environmental Management, 90 (11): 3290-3296.

ZAKHAROVA T, TATANO F, MENSHIKOV V, 2002. Health cancer risk assessment for arsenic exposure in potentially contaminated areas by fertilizer plants: A possible regulatory approach applied to a case study in Moscow region-Russia [J]. Regulatory Toxicology and Pharmacology, 36 (1): 22-33.

ZHANG H Y, GAO R T, JIANG S R, et al., 2006. Spatial Variability of organochlorine pesticides (DDTs and HCHs) in surface soils of farmland in Beijing, China [J]. Scientia Agricultura Sinica, 39 (7): 1403-1410.

ZHANG H, LU Y L, SHI Y J, et al., 2005. Legal framework related to persistent organic pollutants (POPS) management in China [J]. Environmental Science & Policy, 8 (2): 153-160.

ZHANG Y, ZHAO B, 2007. Simulation and health risk assessment of residential particle pollution by coal combustion in China [J]. Building and Environment, 42 (2): 614-622.